Ohne Anwalt zur Marke

Thomas Heinz Meitinger

Ohne Anwalt zur Marke

Anleitung zum Erwerb wertvoller Marken

 Springer Vieweg

Thomas Heinz Meitinger
Meitinger & Partner Patentanwalts PartGmbB
München, Deutschland

ISBN 978-3-662-64158-3   ISBN 978-3-662-64159-0   (eBook)
https://doi.org/10.1007/978-3-662-64159-0

Die Deutsche Nationalbibliothek verzeichnet diese Publikation in der Deutschen Nationalbibliografie; detaillierte bibliografische Daten sind im Internet über http://dnb.d-nb.de abrufbar.

Planung/Lektorat: Markus Braun
Springer Vieweg ist ein Imprint der eingetragenen Gesellschaft Springer-Verlag GmbH, DE und ist ein Teil von Springer Nature.
Die Anschrift der Gesellschaft ist: Heidelberger Platz 3, 14197 Berlin, Germany

Vorwort

Das Anmelden einer Marke bei einem Patentamt ist nicht schwierig. Allerdings erhält man dadurch nicht automatisch eine wertvolle Marke. Der Erwerb einer wertvollen Marke erfordert eine systematische Vorgehensweise, die sich typischerweise nicht intuitiv einstellt. Im Gegenteil gerät der unerfahrene Anmelder bei der Markenschöpfung leicht auf einen falschen Weg. Der Erwerb einer wertvollen Marke ist dann nahezu ausgeschlossen.

Eine Markenanmeldung birgt außerdem das Risiko, dass nach ein paar Jahren, wenn der Break-Even längst überschritten ist, ein Markeninhaber eines älteren Rechts erscheint und die weitere Benutzung der Marke verbietet. Für den Markeninhaber der jüngeren Marke ein Desaster.

Dieses Fachbuch erfüllt insbesondere zwei Aufgaben. Zum wird der Weg gewiesen, um wertvolle Marken zu erhalten. Außerdem sollen dem Anmelder einer Marke die Instrumente an die Hand gegeben werden, das Schreckensszenario eines Verbots der Benutzung der eigenen Marke auszuschließen.

Das Fachbuch vermittelt das komplette Know-How zur Anmeldung und Administration einer Marke, von dem Finden eines Markennamens, der Bestimmung der Waren und Dienstleistungen und der Wahl der Markenform. Es wird beschrieben, bei welchem Patentamt eine Marke angemeldet werden kann und wie eine Markenrecherche durchgeführt wird. Die Markenüberwachung und das Durchsetzen einer Marke sind weitere Schwerpunkte. Außerdem werden die rechtlichen Möglichkeiten erläutert, sich gegen störende Marken zu wehren und das eigene Markenrecht aufrecht zu halten.

München   Patentanwalt Dr. Thomas Heinz Meitinger
im Juni 2021

Gesetze

BGB	Bürgerliches Gesetzbuch in der Fassung der Bekanntmachung vom 2. Januar 2002 (BGBl. I S. 42, 2909; 2003 I S. 738), das zuletzt durch Artikel 10 des Gesetzes vom 30. März 2021 (BGBl. I S. 607) geändert worden ist.
GVG	Gerichtsverfassungsgesetz in der Fassung der Bekanntmachung vom 9. Mai 1975 (BGBl. I S. 1077), das zuletzt durch Artikel 4 des Gesetzes vom 9. März 2021 (BGBl. I S. 327) geändert worden ist.
Markengesetz	vom 25. Oktober 1994 (BGBl. I S. 3082; 1995 I S. 156; 1996 I S. 682), das zuletzt durch Artikel 1 des Gesetzes vom 11. Dezember 2018 (BGBl. I S. 2357) geändert worden ist.
PVÜ	Pariser Verbandsübereinkunft zum Schutz des gewerblichen Eigentums vom 20. März 1883, revidiert in BRÜSSEL am 14. Dezember 1900, in WASHINGTON am 2. Juni l911, im HAAG am 6. November 1925, in LONDON am 2. Juni 193, in LISSABON am 31. Oktober 1958 und in STOCKHOLM am 14. Juli 1967 und geändert am 2. Oktober 1979.
RVG	Rechtsanwaltsvergütungsgesetz vom 5. Mai 2004 (BGBl. I S. 718, 788), das zuletzt durch Artikel 3 des Gesetzes vom 2. Juni 2021 (BGBl. I S. 1278) geändert worden ist.
UMV	Verordnung (EU) 2017/1001 des Europäischen Parlaments und des Rates vom 14. Juni 2017 über die Unionsmarke.
ZPO	Zivilprozessordnung in der Fassung der Bekanntmachung vom 5. Dezember 2005 (BGBl. I S. 3202; 2006 I S. 431; 2007 I S. 1781), die zuletzt durch Artikel 8 des Gesetzes vom 22. Dezember 2020 (BGBl. I S. 3320) geändert worden ist.

Inhaltsverzeichnis

Über den Autor

Patentanwalt Dr. Thomas Heinz Meitinger ist deutscher und europäischer Patentanwalt. Er ist der Managing Partner der Meitinger & Partner Patentanwalts PartGmbB. Die Meitinger & Partner Patentanwalts PartGmbB ist eine mittelständische Patentanwaltskanzlei in München. Nach einem Studium der Elektrotechnik in Karlsruhe arbeitete er zunächst als Entwicklungsingenieur. Spätere Stationen waren Tätigkeiten als Produktionsleiter und technischer Leiter in mittelständischen Unternehmen. Dr. Meitinger veröffentlicht regelmäßig wissenschaftliche Artikel, schreibt Fachbücher zum gewerblichen Rechtsschutz und hält Vorträge zu Themen des Patent- und Markenrechts. Dr. Meitinger ist Dipl.-Ing. (Univ.) und Dipl.-Wirtsch.-Ing. (FH). Außerdem führt er folgende Mastertitel: LL.M., LL.M., MBA, MBA, M.A. und M.Sc.

Abkürzungen

BGH	Bundesgerichtshof
BPatG	Bundespatentgericht
DPMA	Deutsches Patent- und Markenamt
EU	Europäische Union
EuG	Gericht der Europäischen Union
EuGH	Europäischer Gerichtshof
EUIPO	Amt der Europäischen Union für geistiges Eigentum
USPTO	United States Patent and Trademark Office
WIPO	World Intellectual Property Organization

Abbildungsverzeichnis

Tabellenverzeichnis

Einleitung

Es werden wichtige Aspekte des Markenrechts diskutiert, um eine Leitlinie für den Erwerb einer wertvollen Marke zu bieten.

1.1 Marke anmelden!

Es sollte unbedingt eine Marke angemeldet werden, wenn eine ernsthafte, geschäftliche Tätigkeit aufgenommen werden soll. Eine Marke ist ein wichtiger Ausgangspunkt für Angriffe gegen Wettbewerber bzw. bietet eine Verteidigung der eigenen geschäftlichen Tätigkeit. Die Kosten einer Markenanmeldung sind überschaubar. Eine Markenanmeldung stellt ein unbedingtes Muss für den Existenzgründer und Unternehmer mit einem neuen Produkt oder einer neuen Dienstleistung dar.

Beispiel

Die Best Software GmbH verwendet die Marke „Pasquale" für ihr Softwareprodukt einer Finanzbuchhaltung für kleine und mittlere Unternehmen. Es wurde vergessen, die Marke beim Patentamt anzumelden. Die Bad GmbH meldet für sich die Marke „Pasquale" an und benutzt sie für ihre Finanzbuchhaltungssoftware. Außerdem verbietet die Bad Software GmbH der Best Software GmbH die Marke „Pasquale" weiterhin zu verwenden. Die Best Software GmbH muss sich eine andere Marke für die Vermarktung ihres Softwareprodukts suchen. ◀

Wird die eigene Marke nicht beim Patentamt angemeldet, bevor die eigenen Produkte mit der Marke angeboten und verkauft werden, droht die Gefahr des erzwungenen Abbruchs der geschäftlichen Tätigkeit. Ein Dritter kann die Marke für sich anmelden und benutzen und dem bisherigen Benutzer die weitere Verwendung untersagen.

T. H. Meitinger, *Ohne Anwalt zur Marke,* https://doi.org/10.1007/978-3-662-64159-0_1

1.2   Phantasievolle Marken sind starke Marken

Regelmäßig suchen die Anmelder nach einer Marke, die das Produkt oder die Dienstleistung beschreibt, die von der Marke gekennzeichnet werden soll. Die Anmelder streben in der Praxis oft nach einer beschreibenden Marke. Sie glauben hierdurch eine starke und wertvolle Marke zu erhalten. Das ist ein Irrtum. Eine beschreibende Marke wird nie zu einer starken Marke. Es ist bereits fraglich, ob sie eingetragen wird.

Es ist eine gewisse Überwindung und Anstrengung für den Anmelder, sich von dem zu lösen, was bezeichnet werden soll und eine Marke zu finden, die mit den zu kennzeichnenden Waren nichts zu tun hat. Leider glaubt der Anmelder oft, dass nur eine Marke, die das Produkt beschreibt, wertvoll ist. Der Anmelder strebt daher danach, sich einen Gattungsbegriff als Marke zu schützen. Allerdings handelt es sich hier um einen Irrweg, der erst langsam offenkundig wird. Nach einiger Zeit wird klar, dass die beschreibende Marke kein wertvolles Asset ist, weil sie keinen Wiedererkennungswert erzeugt. Eine Marke muss phantasievoll sein, um wertvoll werden zu können.

Die Tab. 1.1 stellt für eine Ware bzw. für eine Dienstleistung Beispiele für schwache und starke Marken gegenüber. Durch den Vergleich kann ein Gefühl dafür gewonnen werden, was eine starke und was eine schwache Marke ist. Ist die Marke an die zu kennzeichnende Ware angelehnt, ist die Marke schwach. Eine schwache Marke ist daher in aller Regel beschreibend. Durch Abwandlungen und Zusätze kann ein derartiges Zeichen eventuell eintragungsfähig gemacht werden. Allerdings wird es stets eine Marke bleiben, die einen nur kleinen Schutzumfang aufweist. Im Gegensatz dazu ist eine starke Marke losgelöst von den zu kennzeichnenden Waren und Dienstleistungen. Zumeist stellt eine starke Marke ein Kunstwort dar, das keinen Bezug zu den Waren und Dienstleistungen hat.

Die starken Marken der Tab. 1.1 sind eventuell nicht wohlklingend und aus diesem Grund nicht geeignet für eine Marke. Es kann ihnen noch der „Feinschliff" fehlen. Zumindest weisen sie in die richtige Richtung. Es ist wichtig zu verstehen, dass bei der Namensfindung zumindest ein teilweises Loslösen von den zu kennzeichnenden Waren und Dienstleistungen erforderlich ist, um zu einer wertvollen Marke zu gelangen.

1.3   Bitte nicht!

In der Praxis tritt oft der Fall ein, dass für eine Marke nach einem Zeichen gesucht wird, das die Waren und Dienstleistungen beschreibt, die hergestellt oder angeboten werden sollen. Beispielsweise wird eine Marke „BestSoft" für Software gewählt. Dann werden noch einige grafische Elemente aufgenommen, um die Marke etwas attraktiver und einfallsreicher erscheinen zu lassen. Schließlich hat man eine Wort-/Bildmarke mit einem Textbestandteil, der für die Waren und Dienstleistungen beschreibend ist, und noch ein paar grafische Elemente. Die grafischen Elemente sind schlimmstenfalls für die Waren und Dienstleistungen, für die die Marke verwendet werden soll, beschreibend oder andernfalls einfach übliche Verzierungen.

Tab. 1.1 Vergleich schwache und starke Marke

Ware oder Dienstleistung	Schwache Marken	Starke Marke
Kuchen und Gebäck	„lecker-und-süß", „immer-gut", „frisch-vom-Konditor", „immer-lecker"	Lerus
Dienstleistung eines Restaurants	„Pizza-and-more", „Italian-Pizza", „vom Italiener", „der echte Italiener", „mein Italien"	Bella Mama
Dienstleistung einer Eisdiele	„Ice-Creme", „Italian Icecreme", „Italian Ice", „Bella Italia"	Lombisto
Getränk	„super-süffig", „eisig-gut", „Alkohol in seiner Vollendung"	Nadama
Onlinehandel nit Weinen	„Weindienst", „Weinliefer-fix", „Wein24/7", „Online-Wein", „Wein-paradies", „beste Weine"	Amor
Kosmetika	„myBeauty", „Young-and-Beautiful", „younger+Beauty", „Colors of Beauty", „perfect eyes", „perfect lips"	Yahuda
Dienstleistung eines Reiseunter-nehmens	„schöner Reisen", „Weltreisen", „Pfadfinder in die Welt", „ferne Welten", „fern und schnell", „Reise-komfort", „Reiselust", „Bildung durch Reisen", „Reisen, Spaß und Freunde", „Reiseabenteuer", „Tausend Reise-welten", „Faszination Reisen"	Kailu
Dienstleistung einer Kfz-Reparatur-werkstatt	„Sofort-Autoreparatur", „Fix-Car", „Fix-Checkup", „Car24/7", „günstig-Autoreparatur", „schnell-und-günstig", „Fix-Reparatur", „Schnell-Car-Checkup", „24-h-Service"	Thor
Reifenhandel	„24-h-Reifenhandel", „Reifen24/7", „wheels-and-more", „Reifenexperte", „Reifen-nur-vom-Fachmann", „Reifen-günstig-kaufen"	Crab
Mechanische Zuführvorrichtung	„120 % Quality", „Zuführung-vom-Fachmann", „Korrekt-und-sauber"	Zorx
Fahrrad	„myVelo", „Velo24/7", „myBicycle", „myBestBicycle", „Bicycle!!!"	MyMorningStar
Holzverarbeitungsmaschine	„HolzGut", „HolzSchnell", „SuppperHoolz", „Wood-and-more", „WoodMachine"	Marax
Chemisches Zwischenprodukt	„Chem24/7", „chemistry-and-more", „Top-Chem"	Ceracux

(Fortsetzung)

Tab. 1.1 (Fortsetzung)

Ware oder Dienstleistung	Schwache Marken	Starke Marke
Schlüsselfertiges Fertighaus	„schlüsselfertig-und-gut", „schlüssel-fertig-und-fertig", „Sorglos-und-ein-ganzes-Leben-glücklich", „sorglos-leben-im-Fertighaus", „1-2-3-Fertighaus", „gut-schnell-Fertighaus", „Schlüssel-zum-Glück"	MuXXXL
Dienstleistung eines Dachdeckers	„Beste-Dächer", „Dachdecken-vom-feinsten", „Top-Roof", „Roof2000", „24-7-Dach", „Dach24/7", „Fix-Dach-reparatur", „Super-Dach"	Sorom
Dienstleistung eines Installateurs	„Rohr-klar", „Rohr-fix", Rohr-und-gut", „24/7-Rohre", „Rohr-24-7", „24h-Rohr-klar"	Rex
Dienstleistung eines Architekts	„Haus-zum-Glück", „Himmel-Haus", „Best-Haus", „Safety-and-more", „myHaus", „Haus-klar", „Haus-ok", OK-Haus", „Houses-and-more"	YoorBoon
Textilprodukt	„myTextil-Product", „Future-of-textile", „Time for Textiles", „Textiles-Quality", „Textilzukunft", "Textilzunft", „Textiles-for-the-future"	Mariba
Onlinehandel mit Kleidung	„Shirts-and-more", „Shirt2000", „Shirt3000", „Shirts-and-socks", „wearables", „best-wearables", „Kleidung-genau-für-mich", „Kleidung-macht-Spaß", „Kleidung-für-die-Familie", „Online-Kleidung", „Kleidungs-Express", „Kleidung.de", „Kleidung.eu", „Kleidung.net"	Softex
Software	„Best-Software", „Software-for-you", „Application-for-KMU", „Software.de", „123Software", „Buchhaltung-in-123"	Pasqale
Dienstleistung eines Webdesigners	„Webdesigner-only-for-you", „myWebdesign-with-you", „House-for-Webdesign", „Webdesign-Room", „webdesign-for-the-future", „SuperHero Webdesign"	Alhambra
Computerhandel	„Computer-for-you", „mybestComputer", „Computer-for-us-all", „PC-and-so-much-more"	Zeus

(Fortsetzung)

Tab. 1.1 (Fortsetzung)

Ware oder Dienstleistung	Schwache Marken	Starke Marke
Onlinehandel mit Spielzeug	„Toys-for-us", „Toys-and-much-more", „Spielzeug-online", „Spielzeug-und-wir", „Click-und-Spielzeug", „Clicks-and-toys", „Fix-Toy", „Schnell, schneller, Spielzeug", „alles-Spielzeug"	Grip

Abb. 1.1 Schritte zu einer wertvollen Marke

> **Schritte zu einer wertvollen Marke**
>
> • Namensfindung (phantasievolle Marke)
> • Eintragungshindernisse überwinden (Unterscheidungskraft, Freihaltebedürfnis)
> • keine Verwechslungsgefahr mit älteren Rechten

Dann ist alles schiefgelaufen! Es wurde eine Wort-/Bildmarke ausgewählt, die per se einen kleinen Schutzumfang hat. Wort-/Bildmarken können in aller Regel keinen großen Schutzbereich aufbauen. Der Textbestandteil ist weitgehend beschreibend, wodurch ebenfalls der Schutzbereich klein gehalten wird. Die grafischen Elemente führen zu einer weiteren Reduktion des Schutzumfangs. Aus Sicht des Markenrechts handelt es sich um eine Marke mit kleinem Schutzumfang, also um eine Marke mit einem kleinen wirtschaftlichen Wert.

1.4 Schritte zu einer wertvollen Marke

Es werden die wichtigsten Schritte auf dem Weg zu einer wertvollen Marke erläutert (siehe Abb. 1.1).

1.4.1 Namensfindung

Eine starke Marke ist eine phantasievolle Marke. Beschreibende Bezeichnungen sind oft nicht eintragungsfähig. Werden Sie dennoch eingetragen, entfalten sie einen nur kleinen Schutzumfang. Ein Alleinstellungsmerkmal kann nicht herausgearbeitet werden. Phantasievolle Marken hingegen entfalten einen großen Schutzumfang und können mit Emotionen aufgeladen werden, um Werbebotschaften zu transportieren. Phantasievolle Marken sind daher von Hause aus geeignet, starke Marken zu werden.

Beispiel

Eine Marke „günstige Software" oder „Software 247 verfügbar" wird nie einen großen Schutzumfang entfalten können. Besser sind reine Phantasienamen wie beispielsweise „Pasquale", „Manos" oder „Alhambra". ◄

Ein prominentes Beispiel aus der Softwarebranche ist die Apple Corporation. Durch die phantasievolle Namensgebung konnte sich Apple eine starke Marke mit einem großen Schutzumfang aufbauen.

1.4.2   Eintragungsfähigkeit

Ein Zeichen wird nur in ein Markenregister eingetragen, falls es die absoluten Eintragungshindernisse überwindet.[1] Ein Zeichen muss insbesondere unterscheidungskräftig sein. Eine Marke ist unterscheidungskräftig, falls es von den beteiligten Verkehrskreisen überhaupt als eine Herkunftskennzeichnung verstanden wird. Außerdem darf eine Marke nicht beschreibend für die Waren und Dienstleistungen sein, für die sie eingetragen wird (kein Verletzen des Freihaltebedürfnisses).

1.4.3   Verletzen älterer Rechte

Eine Marke darf nicht mit einem älteren Recht verwechslungsfähig sein. Ansonsten kann die Marke wieder aus dem Register entfernt werden bzw. wird nicht in das Register eingetragen.

---

[1] § 8 Markengesetz bzw. Artikel 7 Unionsmarkenverordnung.

Grundsätzliches zum Markenrecht

2

Es werden die grundlegenden Aspekte des Markenrechts erläutert. Hierdurch wird ein Einstieg in das Themengebiet erleichtert.

2.1   Was ist eine Marke?

Eine Marke dient der Kenntlichmachung der Herkunft einer Ware oder einer Dienstleistung. Nur wenn die Ware oder die Dienstleistung einen Namen hat, der sich auch von denjenigen anderer Waren und Dienstleistungen unterscheidet, kann für die Ware oder die Dienstleistung geworben werden.

> **Beispiel**
>
> Don Alfredo betreibt eine Eisdiele. Don Alfredo möchte Werbung in einer lokalen Zeitung machen. Hierzu schaltet er eine Anzeige, in der er für Eis in der „Eisdiele" wirbt. Die Leser der Zeitung bekommen Lust auf Eis und gehen zur nächstgelegenen Eisdiele, die nicht immer die von Don Alfredo ist. ◄

Die Werbekampagne ging daneben. Hätte Don Alfredo seiner Dienstleistung und seinen Waren einen aussagekräftigen Namen gegeben, hätte es anders ausgesehen.

> **Beispiel**
>
> Don Alfredo nennt seine Eisdiele „Valentino's" und lässt sich eine Marke „Valentino's" für die Waren der Klasse 30 (Eis, Eiscreme, gefrorener Joghurt, Sorbets, Kaffee, Tee und Kakao) und die Dienstleistungen der Klasse 43 (Verpflegung von Gästen) beim deutschen Patentamt eintragen. ◄

T. H. Meitinger, *Ohne Anwalt zur Marke,* https://doi.org/10.1007/978-3-662-64159-0_2

Mit einer Marke können die Waren und Dienstleistungen eines Unternehmens von denen eines anderen unterschieden werden, sodass Werbung ermöglicht wird. Eine Marke kann insbesondere ein oder mehrere Wörter einschließlich Personennamen, Abbildungen, Buchstaben, Zahlen, Klänge, dreidimensionale Gestaltungen einschließlich der Form einer Ware oder ihrer Verpackung sowie sonstige Aufmachungen einschließlich Farben und Farbzusammenstellungen sein.[1] Eine Marke kann daher ein Wort, ein Slogan oder ein Logo sein. Der Markeninhaber erwirbt durch die eingetragene Marke ein ausschließliches Recht an der eingetragenen Marke.[2] Es ist jedem Dritten untersagt, eine identische Marke für die gleichen Waren und Dienstleistungen oder eine Marke, die zu einer Verwechslungsgefahr führt, im geschäftlichen Verkehr zu benutzen.[3] Außerdem gibt es im Inland bekannte Marke, die einen besonderen Schutz genießen.[4] Im Inland bekannte Marken sind beispielsweise „Coca-Cola", „Apple" oder „Mercedes-Benz".

2.2   Eingetragene Marke

Eine eingetragene Marke ist eine bei einem Patentamt angemeldete Marke, die nach einer Prüfung in das Markenregister aufgenommen wurde. Eine eingetragene Marke entfaltet ihre Schutzwirkung für das Hoheitsgebiet eines Landes oder für eine Region, also für die Hoheitsgebiete einer Gruppe von Ländern. Beispielsweise kann für das Hoheitsgebiet Deutschlands eine Marke erworben werden oder für die Hoheitsgebiete der EU-Mitgliedsstaaten (Unionsmarke).

2.3   Benutzungsmarke

Ein Markenrecht kann alternativ durch Benutzung einer Marke entstehen. Allerdings muss die Benutzung derart intensiv sein, dass sich Verkehrsgeltung der Marke ergibt.[5] Eine Verkehrsgeltung einer Marke liegt vor, falls 20–25 % der angesprochenen Verkehrskreise die Marke kennen.[6] „Kennen" meint in diesem Zusammenhang, dass die Marke dem Inhaber zugeordnet wird. Die Verkehrsgeltung ist von der Verkehrsdurchsetzung zu unterscheiden. Mit der Verkehrsgeltung entsteht ein Markenrecht für ein Zeichen, das die Qualitäten hat, um prinzipiell in ein Markenregister eingetragen zu werden.

---

[1] § 3 Absatz 1 Markengesetz.

[2] § 14 Absatz 1 Markengesetz.

[3] § 14 Absatz 2 Nr. 1 und 2 Markengesetz.

[4] § 14 Absatz 2 Nr. 3 Markengesetz.

[5] § 4 Nr. 2 Markengesetz.

[6] Henning, Piper, Gewerblicher Rechtsschutz und Urheberrecht, 1996, S. 429–433; Noelle-Neumann, Gewerblicher Rechtsschutz und Urheberrecht, 1966, S. 70–81.

Verkehrsgeltung versus Verkehrsdurchsetzung	
Marke ist grundsätzlich eintragungsfähig	Marke ist grundsätzlich nicht eintragungsfähig
Verkehrsgeltung führt zur Benutzungsmarke	Verkehrsdurchsetzung überwindet mangelnde Eintragungsfähigkeit
20-25 % Bekanntheit in den beteiligten Verkehrskreisen	über 50% Bekanntheit in den beteiligten Verkehrskreisen
regionale Bekanntheit genügt	bundesweite Bekanntheit erforderlich

Abb. 2.1 Verkehrsgeltung versus Verkehrsdurchsetzung

Verkehrsdurchsetzung ist erforderlich, damit ein Markenrecht für eine Marke entsteht, die nicht eintragungsfähig ist, die also bei einer Anmeldung zur Marke nicht die absoluten Eintragungshindernisse überwinden würde. Die beiden wichtigsten absoluten Eintragungshindernisse sind mangelnde Unterscheidungskraft und das Verletzen des Freihaltebedürfnisses. An die Verkehrsdurchsetzung wird eine höhere Bekanntheit im Vergleich zur Verkehrsgeltung geknüpft (siehe Abb. 2.1).

2.4 Unternehmenskennzeichen

Beispiel

Das Unternehmen Pasquale GmbH vertreibt Software. Die Bezeichnung „Pasquale" stellt das Unternehmenskennzeichen dar. ◄

Ein Unternehmenskennzeichen ist eine geschäftliche Bezeichnung.[7] Ein Unternehmenskennzeichen wird im geschäftlichen Verkehr als Firma oder als besondere Bezeichnung eines Geschäftsbetriebs oder eines Unternehmens verwendet.[8] Voraussetzung für das Entstehen der Schutzwirkung eines Unternehmenskennzeichens ist, dass das Unternehmenskennzeichen von den beteiligten Verkehrskreisen als die Kennzeichnung eines Unternehmens verstanden wird. Ist dies nicht der Fall, entsteht das Markenrecht des Unternehmenskennzeichens erst durch Verkehrsgeltung innerhalb der beteiligten Verkehrskreise.

---

[7] § 5 Absatz 1 Markengesetz.

[8] § 5 Absatz 2 Satz 1 Markengesetz.

2.5   Übersicht der Markenformen

Die häufigste Markenform ist die Wortmarke. Danach folgen Bildmarken, beispielsweise ein Logo, und Wort-/Bildmarken. Wort-/Bildmarken enthalten sowohl einen Text- als auch einen Bildbestandteil.

2.5.1   Wortmarke

Die große Beliebtheit einer Wortmarke kann zumindest teilweise auf ihren großen Schutzbereich zurückgeführt werden. In den Schutzbereich einer Wortmarke fallen alle anderen jüngeren Wortmarken mit demselben prägenden Text, unabhängig davon in welcher Schriftart, Schriftgröße oder sonstigen farblichen oder grafischen Gestaltung der Text ausgeführt ist. Der Schutzbereich erstreckt sich auch auf Wort-Bildmarken mit demselben prägenden Textbestandteil, außer der Bildbestandteil der Wort-/Bildmarke ist dominant und der Textbestandteil ist im Vergleich zum Bildbestandteil klein. Eine Wortmarke sollte die bevorzugte Markenform sein.

2.5.2   Wort-/Bildmarke

Bei einer Wort-/Bildmarke wird ein Textbestandteil zusammen mit einem grafischen Bestandteil angemeldet. Der grafische Bestandteil kann beispielsweise ein Logo sein. Eine Wort-/Bildmarke wird angemeldet, falls der grafische Bestandteil wichtig ist und geschützt werden soll oder wenn der Textbestandteil allein nicht schutzfähig ist.

Wird eine Wort- /Bildmarke in Betracht gezogen, sollte überlegt werden, welcher Bestandteil der Marke der prägende ist. Ist der Textbestandteil der prägende Anteil, wäre eine Wortmarke zu empfehlen. Liegt ein prägender Bildbestandteil vor, sollte eine Bildmarke angemeldet werden. Es ist in aller Regel sinnvoll, den bedeutenden Teil einer Wort- /Bildmarke als Marke anzumelden. Der jeweils andere Bestandteil führt nur zu einer Verkleinerung des Schutzumfangs. In der Rechtsprechung wird der Textbestandteil einer Wort- /Bildmarke in aller Regel als der prägende Bestandteil aufgefasst.

Es wird daher der Bildbestandteil bei der Bestimmung des Schutzbereichs nicht oder kaum berücksichtigt. Der Bildbestandteil einer Wort-/Bildmarke führt daher in aller Regel nicht zu einem Schutzbereich für das grafische Element der Wort-/Bildmarke.

Die Wort-/Bildmarke sollte in schwarz/weiß angemeldet werden. Hierdurch kann der Schutzbereich auf sämtliche Farbgestaltungen ausgedehnt werden. Allerdings können besondere Farbgestaltungen, die nicht üblich sind, dennoch außerhalb des

	Datenbestand	DB	?	DE
111	Registernummer	RN	?	1144921
210	Altes Aktenzeichen	AKZ	?	C38547
540	Markendarstellung	MD	?	*Coca-Cola*
550	Markenform	MF	?	Wort-Bildmarke
551	Markenkategorie	MK	?	Individualmarke
350	Seniorität	SEN	?	Aktenzeichen Unionsmarke: 2107118
		SENVT	?	Tag der Veröffentlichung der Seniorität: 08.08.2008
350	Seniorität	SEN	?	Aktenzeichen Unionsmarke: 569731
		SENVT	?	Tag der Veröffentlichung der Seniorität: 08.08.2008
220	Anmeldetag	AT	?	12.01.1989
442	Tag der Bekanntmachung	BT	?	15.04.1989
151	Tag der Eintragung im Register	ET	?	21.08.1989
156	Verlängerung der Schutzdauer	VBD	?	01.02.2019
730	Inhaber	INH	?	The Coca-Cola Company (n.d.Ges.d. Staates Delaware), Atlanta Ga., US

Abb. 2.2 Coca-Cola-Schriftzug (DPMA)

Schutzbereichs einer schwarz/weißen Wort-/Bildmarke liegen. Sehr außergewöhnliche Farben der Wort-/Bildmarke können zu einem eigenständigen Schutzbereich führen und diese Marke mit besonderer Farbgestaltung greift nicht mehr in den Schutzbereich der schwarz/weißen Wort-/Bildmarke ein.

Eine bekannte Wort-/Bildmarke ist der Coca-Cola-Schriftzug[9] der Coca-Cola Company (siehe Abb. 2.2).

2.5.3 Bildmarke

Eine Bildmarke besteht ausschließlich aus grafischen Elementen. Beispiele für eine Bildmarke sind der Mercedes-Stern[10] (siehe Abb. 2.3), die Adidas-Streifen der Adidas AG oder der angebissene Apfel der Apple Corporation. Eine Bildmarke sollte vorzugsweise in schwarz/weiß angemeldet werden. Hierdurch umfasst die Bildmarke sämtliche gängigen Farbgestaltungen.

---

[9] DPMA, „https://register.dpma.de/DPMAregister/marke/register/1144921/DE", abgerufen am 20. Juni 2021.

[10] DPMA, „https://register.dpma.de/DPMAregister/marke/register/2008220/DE", abgerufen am 20. Juni 2021.

	Datenbestand	DB	?	DE
111	Registernummer	RN	?	2008220
210	Altes Aktenzeichen	AKZ	?	M70792
540	Markendarstellung	MD	?	
550	Markenform	MF	?	Bildmarke
551	Markenkategorie	MK	?	Individualmarke
220	Anmeldetag	AT	?	25.09.1991
442	Tag der Bekanntmachung	BT	?	15.02.1992
151	Tag der Eintragung im Register	ET	?	14.01.1992
156	Verlängerung der Schutzdauer	VBD	?	01.10.2011
730	Inhaber	INH	?	Daimler AG, 70372 Stuttgart, DE
750	Zustellanschrift	ZAN	?	Daimler Brand & IP Management GmbH & Co. KG 063 - H512, 70546 Stuttgart
	Version der Nizza-Klassifikation			NCL9
511	Klasse(n) Nizza	KL	?	**39**, 35, 36, 37, 38, 42, 43, 44
531	Bildklasse(n) (Wien)	WBK	?	01.01.02, 24.11.25, 26.01.12
	Aktenzustand	AST	?	Marke eingetragen

Abb. 2.3 Mercedes-Stern (DPMA)

2.5.4 Farbmarke

Neben der Wortmarke, der Bildmarke und der Wort- Bildmarke gibt es weitere Marken-formen, die jedoch in der Praxis keine große Rolle spielen. Eine derartige exotische Marke ist die Farbmarke. Mit einer Farbmarke wird eine komplette Farbe monopolisiert. Eine bekannte Farbmarke ist das Magenta[11] der Deutschen Telekom AG.

Die Deutsche Telekom AG kann mit ihrer Farbmarke jedem Anbieter von Tele-kommunikationsdienstleistungen verbieten, die Farbe Magenta zu verwenden. Es war nicht einfach für die Deutsche Telekom AG die Farbmarke zu erhalten. Mittlerweile ist es nahezu ausgeschlossen, eine Farbmarke beim Patentamt eingetragen zu bekommen. Voraussetzung hierzu ist, dass in einer Umfrage über die Hälfte der beteiligten Verkehrskreise mit der Farbe eindeutig den Anmelder als herstellendes oder anbietendes Unternehmen verbinden. Es ist einfacher im B2B-Bereich als im B2C-Bereich eine Farbmarke eingetragen zu bekommen, da in diesem Fall die beteiligten Verkehrskreise nur die Kunden bzw. Verbraucher des speziellen Marktes und die Wettbewerber sind. Ein Beispiel für eine erfolgreiche Eintragung einer Farbmarke im B2B-Bereich ist die Farbe Rot[12] der Hilti AG (siehe Abb. 2.4).

---

[11] DPMA, „https://register.dpma.de/DPMAregister/marke/registerHABM?AKZ=000212753&CU RSOR=0", abgerufen am 20. Juni 2021.

[12] DPMA, „https://register.dpma.de/DPMAregister/marke/registerHABM?AKZ=003425311&CU RSOR=0", abgerufen am 20. Juni 2021.

	Datenbestand	DB	?	EM
111/210	Nummer der Marke	RN/	?	003425311
		AKZ	?	
540	Markendarstellung	MD	?	
	Erlangte Unterscheidungskraft			Ja
270	Erste Sprache			Deutsch
270	Zweite Sprache			Englisch
550	Markenform	MF	?	Farbmarke
550	Markenform Unionsmarken	EUIPOMF	?	Farbmarke
591	Bezeichnung der Farben	FA	?	ROT RAL 3020
551	Markenkategorie	MK	?	Individualmarke
220	Anmeldetag	AT	?	29.10.2003
151	Tag der Eintragung im Register	ET	?	17.12.2008
730	Inhaber	INH	?	Hilti Aktiengesellschaft, 9494, Schaan, LI

Abb. 2.4 Farbmarke Rot der Hilti AG (DPMA)

2.5.5   Hörmarke

Außerdem gibt es Hörmarken, bei denen aufeinanderfolgende Klänge für bestimmte Waren und Dienstleistungen monopolisiert werden. Es können beispielsweise Jingles geschützt werden. Ein Beispiel eines als Marke geschützten Jingle ist der Telekom-Jingle[13] (siehe Abb. 2.5).

Eine wichtige Voraussetzung für die Eintragung einer Marke ist die grafische Darstellbarkeit.[14] Der Zweck dieser Regelung ist, dass der genaue Schutzbereich bestimmt sein muss, um Rechtssicherheit zu gewährleisten. Erst durch die grafische Darstellung wird die korrekte Information der Öffentlichkeit über eine eingetragene Marke ermöglicht. Hörmarken können insbesondere in einer üblichen Notenschrift eingereicht werden.[15] Hörmarken werden auch als „Klangmarken" bezeichnet.

---

[13] DPMA, „https://register.dpma.de/DPMAregister/marke/register/399405917/DE", abgerufen am 20. Juni 2021.

[14] § 8 Absatz 1 Markengesetz.

[15] § 11 Absatz 2 Markenverordnung.

	Datenbestand	DB	?	DE
111	Registernummer	RN	?	39940591
210	Aktenzeichen	AKZ	?	399405917
540	Markendarstellung	MD	?	
550	Markenform	MF	?	Hörmarke
551	Markenkategorie	MK	?	Individualmarke
220	Anmeldetag	AT	?	12.07.1999
151	Tag der Eintragung im Register	ET	?	25.08.1999
156	Verlängerung der Schutzdauer	VBD	?	01.08.2019
730	Inhaber	INH	?	Deutsche Telekom AG, 53113 Bonn, DE
740	Vertreter	VTR	?	Hogan Lovells International LLP, 20095 Hamburg, DE
750	Zustellanschrift	ZAN	?	Hogan Lovells International LLP, Alstertor 21, 20095 Hamburg
	Version der Nizza-Klassifikation			NCL9
511	Klasse(n) Nizza	KL	?	**38**, 9, 16, 25, 28, 35, 36, 37, 39, 41, 42
531	Bildklasse(n) (Wien)	WBK	?	24.17.13
	Aktenzustand	AST	?	Marke eingetragen
180	Schutzendedatum	VED	?	31.07.2029
111 151	Internationale Registrierung			Internationale Registrierungsnummer: IR729484 Registrierungsdatum: 23.12.1999

Abb. 2.5 Jingle der Deutschen Telekom (DPMA)

2.5.6 3D-Marke

Eine weitere seltene Markenform ist die 3D-Marke (dreidimensionale Marke). Ein Beispiel für eine 3D-Marke ist der Porsche Boxter[16] der Dr. Ing. h.c. F. Porsche AG (siehe Abb. 2.6).

Voraussetzung für eine 3D-Marke ist, dass die Form nicht typisch für die Waren ist, für die die Marke eingetragen werden soll. Außerdem darf die dreidimensionale Form nicht rein technisch bedingt sein.[17] Beispielsweise haben sich die Bahlsen GmbH & Co. KG und die Mars Incorporated 3D-Marken für besondere Süßwaren eintragen lassen.

2.5.7 Positionsmarke

Positionsmarken sind Marken, die sich durch eine ganz bestimmte Position einer Farbe an einer Ware auszeichnen. Ein bekanntes Beispiel einer Positionsmarke ist der rote Streifen im Absatz eines Schuhs der Lloyd Shoes GmbH bzw. die rote Schuhsohle der Schuhentwürfe des Designers Christian Louboutin.[18]

---

[16] DPMA, „https://register.dpma.de/DPMAregister/marke/register/396525563/DE", abgerufen am 20. Juni 2021.

[17] *BGH, 15. 12. 2005, I ZB 33/04, NJW-RR, 2006, 1274* – Porsche *Boxster*.

[18] In einer Entscheidung des EuGH wurde entschieden, dass eine rote Sohle als Marke schutzfähig ist; EuGH, 12.6.2018, C-163/16, Gewerblicher Rechtsschutz und Urheberrecht, 2018, 842 – Christian Louboutin.

	Datenbestand	DB	?	DE
111	Registernummer	RN	?	39652556
210	Aktenzeichen	AKZ	?	396525563
540	Markendarstellung	MD	?	
550	Markenform	MF	?	Dreidimensionale Marke
551	Markenkategorie	MK	?	Individualmarke
220	Anmeldetag	AT	?	04.12.1996
151	Tag der Eintragung im Register	ET	?	20.01.1997
156	Verlängerung der Schutzdauer	VBD	?	01.01.2017
730	Inhaber	INH	?	Dr. Ing. h.c. F. Porsche Aktiengesellschaft, 70435 Stuttgart, DE
740	Vertreter	VTR	?	UNIT4 IP Rechtsanwälte, 70174 Stuttgart, DE
750	Zustellanschrift	ZAN	?	UNIT4 IP Rechtsanwälte, Jägerstr. 40, 70174 Stuttgart
	Version der Nizza-Klassifikation			NCL10
511	Klasse(n) Nizza	KL	?	9, 14, 16, 25, 28, 37
531	Bildklasse(n) (Wien)	WBK	?	18.01.09
	Aktenzustand	AST	?	Marke eingetragen
180	Schutzendedatum	VED	?	31.12.2026
111	Internationale Registrierung			Internationale Registrierungsnummer: IR676699

Abb. 2.6   3D-Marke Porsche Boxter (DPMA)

2.5.8   Kennfadenmarke

Kennfadenmarken spielen insbesondere bei Textilherstellern eine Rolle. Textilhersteller können einen bestimmten Faden in ihre Textilien einweben, um die Herkunft zu signalisieren. Die Zielgruppen erkennen dadurch den Hersteller der Kleidung. Durch eine Kennfadenmarke kann der Hersteller an der Textilie selbst signalisieren, dass es sich um ein Produkt aus seinem Haus handelt.

Ein anderes Beispiel für die Anwendung einer Kennfadenmarke ist die Verwendung eines farblich besonders gestalteten Fadens in einem Kabel. Der Faden wird vom Elektriker beim Entisolieren des Kabels gesehen und der Elektriker kann auf die Herkunft des Kabels schließen.

Kennfadenmarken spielen eine untergeordnete Rolle.

2.5.9   Kollektivmarke

Mit einer Kollektivmarke kann ein Verein oder eine Organisation eine Marke erwerben.[19] Die Kollektivmarke kann von den Vereinsmitgliedern oder den Mitgliedern der Organisation genutzt werden kann.

---

[19] §§ 97 bis 106 Markengesetz.

Abb. 2.7 Markenformen

Markenformen	
wichtige Markenformen	exotische Markenformen
- Wortmarke	- Farbmarke
- Bildmarke	- Hörmarke
- Wort- /Bildmarke	- 3D-Marke
	- Positionsmarke
	- Kennfadenmarke
	- Kollektivmarke
	- Geruchsmarke
	- Bewegungsmarke
	- Multimediamarke
	- Hologrammmarke

2.5.10 Sonstige Markenformen

Weitere Markenformen sind Geruchsmarken, Bewegungsmarken, Multimediamarken und Hologrammmarken.[20] Diese Markenformen spielen in der Praxis keine Rolle. Die in der Praxis relevanten Markenformen sind die Wortmarke, die Bildmarke und die Wort-Bildmarke (siehe Abb. 2.7).

---

[20] § 12 Markenverordnung.

Wortmarke versus Wort-/Bildmarke

3

Die drei wichtigsten Markenformen sind die Wortmarke, die Wort-/Bildmarke und die Bildmarke. Eine Wortmarke besteht aus einem oder mehreren Worten. Ein Beispiel hierfür ist die Marke „After Eight"[1] (siehe Abb. 3.1).

Eine Bildmarke umfasst nur eine Grafik, beispielsweise ein Logo. Der angebissene Apfel der Apple Corporation oder die drei Streifen der Nike Corporation sind Bildmarken. Eine Wort-/Bildmarke ist insbesondere das Logo der Coca-Cola Company. Zumeist steht man vor der Wahl eine Wortmarke oder eine Wort-/Bildmarke anzumelden. Eine Bildmarke ist dann sinnvoll, falls ein besonders einprägsames Logo entwickelt wurde.

Beispiel

Die Best Software GmbH überlegt sich eine Marke für Ihr neues Produkt einer Finanzbuchhaltungssoftware für kleine Unternehmen. Der Chef der Best Software GmbH schlägt die Marke „FibuSoft" vor. Alle finden die Marke sehr gut. Der Marketing-Chef meint, eine Wolke als Symbol der Cloud würde gut dazu passen. Am besten eine Wolke in der Signalfarbe rot, denn die Marke soll ja etwas ganz Besonderes sein. Alle Mitglieder der Führungsebene der Best Software GmbH finden die Marke „FibuSoft" mit roter Cloudwolke gelungen und es wird beschlossen, dass das genau die richtige Marke für das neue Produkt der Best Software GmbH ist. ◄

---

[1] Beispielsweise wurde die britische Wortmarke „After Eight" am 27. Oktober 1969 für die Nizza-Klasse 30 in Großbritannien angemeldet. Die Eintragungsnummer lautet UK 950237. Der Markeninhaber ist Nestlé (Société des Produits Nestlé S.A.) in der Schweiz;

EUIPO, „https://www.tmdn.org/tmview/#/tmview/detail/GB500000000950237", abgerufen am 20. Juni 2021.

T. H. Meitinger, *Ohne Anwalt zur Marke,* https://doi.org/10.1007/978-3-662-64159-0_3

Abb. 3.1 Wortmarke „After Eight" (EUIPO)

In diesem Beispiel der Best Software GmbH ging alles schief. Das Zeichen FibuSoft ist beschreibend für das Produkt, nämlich die Finanzbuchhaltungssoftware. Eine Wortmarke FibuSoft hätte daher einen nur sehr kleinen Schutzumfang. Das Zeichen „FibuSoft" würde aber höchstwahrscheinlich für die Klasse 9 (Software und Computer) vom Patentamt nicht in das Register eingetragen werden. Durch die Hinzunahme der roten Wolke wird aus einer Wortmarke eine Wort-/Bildmarke, wodurch allein deswegen die Marke einen Teil ihres Schutzumfangs verliert. Das Hinzufügen einer Wolke als grafische Darstellung der Cloud wird ebenfalls nicht zu einer Stärkung der Marke führen, da der Begriffsinhalt „Cloud" für Software beschreibend ist. Insgesamt ergibt sich ein Zeichen mit von Hause aus sehr kleinem Schutzumfang, deren Antrag auf Aufnahme in das Markenregister vom Patentamt wahrscheinlich zurückgewiesen wird.

Beispiel

Die Best Software GmbH hat die Entwicklung eines Logos in Auftrag gegeben. Der beauftragte Designer hat ein schickes Logo entwickelt. Der Chef der Best Software GmbH möchte das Logo als Marke schützen lassen. Außerdem möchte er den Namen des eigenen Produkts ebenfalls in der Marke aufgenommen sehen. Er argumentiert, dann bekommt man Schutz für zwei Sachen für denselben Preis, nämlich das Logo und den Produktnamen. Dem Chef der Best Software GmbH ist daher klar, dass er sich eine Wort-/Bildmarke schützen lässt. ◄

Die Stärke einer Marke wird durch ihren Schutzumfang bestimmt. Eine Wort-/Bildmarke weist einen Textbestandteil und mindestens ein grafisches Element auf. Die Vielzahl der Elemente einer Wort-/Bildmarke verringert die Wahrscheinlichkeit einer Verwechslungsgefahr und schmälert daher den Schutzumfang der Marke von vornherein. Eine Wort-/Bildmarke weist daher naturgemäß einen kleinen Schutzumfang auf. Im Vergleich zu einer Wort-/Bildmarke weist eine Wortmarke in der Regel einen großen Schutzumfang auf.

3.1 Wortmarke

Das wesentliche Element einer Marke ist der Schutzbereich. Je größer der Schutzbereich einer Marke ist, umso wertvoller ist die Marke. Eine Wort-/Bildmarke mit umfangreichen Text- und Bildbestandteilen weist einen nur kleinen Schutzumfang auf, da eine Verletzung nur vorliegt, falls sowohl die Bild- als auch die Textbestandteile von der verletzenden Marke realisiert werden.

Beispiel

Die Best Software GmbH hat sich eine Wort-/Bildmarke mit einem umfangreichen Bildbestandteil und dem Wortbestandteil „Pasquale" für Software als Marke eintragen lassen. Jetzt erscheinen Wettbewerber mit Marken wie „Asquale", „Quale" oder sogar „Pasqale". Leider kann aufgrund der ausgeprägten grafischen Elemente der Wort-/ Bildmarke keine Verwechslungsgefahr festgestellt werden und der Best Software GmbH sind die Hände gebunden. Mit einer Wortmarke „Pasquale" könnten die Wettbewerber in die Schranken gewiesen werden. ◄

Eine Wortmarke sollte ausschließlich in Großbuchstaben auf dem Antragsformular zur Anmeldung als Marke angegeben werden. Hierdurch kann auch bei ausländischen Anmeldungen sichergestellt werden, dass der Schutzbereich einer eingetragenen Wortmarke jede Schreibweise mitumfasst. Durch die Großschreibung sämtlicher Buchstaben der Wortmarke fällt auch eine sogenannte Binnengroßschreibung in den Schutzumfang einer Wortmarke. In Deutschland ergibt sich dies bereits durch die Angabe auf dem Antragsformular, dass es sich um ein Wortmarke handelt. Es ist dann gleichgültig, ob die Wortmarke kleingeschrieben ist, oder ob der erste Buchstabe großgeschrieben ist und der Rest kleingeschrieben.

Beispiel

Es wird die Wortmarke „PASQALE" eingetragen. In diesem Fall sind sämtliche Schriftarten und Schriftgrade in dem Schutzumfang mitumfasst, beispielsweise „pasqale", *„Pasqale"*, „Pasqale", „Pasqale" oder „PasQale". Auch eine farbliche Gestaltung ist in der Regel mitumfasst (siehe Abb. 3.2). ◄

Eine Wortmarke sollte nicht ausschließlich in Großbuchstaben angemeldet werden, falls die außergewöhnliche Schreibweise gerade das Besondere ist. Eine derartige Besonderheit kann eine außergewöhnliche Schriftart oder eine alternierende Groß- und Kleinschreibung sein. In diesem Fall erhält man jedoch eher eine Wort-/Bildmarke als eine Wortmarke.

Abb. 3.2 Schutzumfang einer
Wortmarke

Schutzumfang einer Wortmarke		
Wortmarke	**Anmelden als**	**Schutzbereich**
„Pasqale"	„PASQALE"	Pasqale
		PASqale
		pasQale
		PASqale
		Pasqale
		Pasqale
		Pasqale

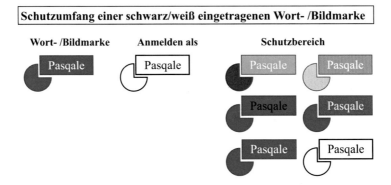

Abb. 3.3   Schutzumfang einer Wort-/Bildmarke

3.2   Wort-/Bildmarke

Einen großen Schutzbereich einer Wort-/Bildmarke kann erzeugt werden, falls die Wort-/Bildmarke in schwarz/weiß oder ohne Farben angemeldet wird. In diesem Fall sind in dem Schutzumfang sämtliche Wort-/Bildmarken mitumfasst, die eine andere Farbgestaltung aufweisen, solange die Farbgestaltung nicht außergewöhnlich ist.

Die Abb. 3.3 zeigt eine Wort-/Bildmarke mit dem Textbestandteil „Pasqale". Der Markeninhaber möchte die Wort-/Bildmarke wie links gezeigt mit weißer Schrift und hellblauem Rechteck und blauem Dreiviertelkreis verwenden. Es ist empfehlenswert die Marke wie in der Mitte in schwarz/weiß anzumelden. In diesem Fall sind beispielsweise sämtliche Varianten wie unter „Schutzbereich" dargestellt mit umfasst.

3.3 Wortmarke oder Wort-/Bildmarke?

Hat man eine Wort-/Bildmarke, sollte geprüft werden, ob nicht statt der Wort-/Bildmarke nur deren Textbestandteil als Wortmarke angemeldet wird. Der Grund ist darin zu sehen, dass mit einer Wortmarke jede Verwendung der Wortmarke für die eingetragenen Waren und Dienstleistungen durch einen Dritten, insbesondere mit beliebigen grafischen Elementen, verboten werden kann.

Gibt es daher nicht triftige Gründe für eine Wort-/Bildmarke, beispielsweise weil die Wort- und Bildbestandteile in besonderer Weise miteinander harmonieren, sollte daran gedacht werden, eine Wortmarke statt einer Wort-/Bildmarke anzumelden. Ist andererseits das grafische Element so stark, dass darauf keinesfalls verzichtet werden kann, ist eventuell eine Bildmarke statt einer Wort-/Bildmarke zu empfehlen.

Eine Wort-/Bildmarke wird teilweise empfohlen, falls der Textbestandteil als Wortmarke nicht eintragungsfähig ist. Eine mangelnde Eintragungsfähigkeit kann vorliegen, falls der Textbestandteil für die benötigten Waren und Dienstleistungen beschreibend ist. In diesem Fall kann eine Wort-/Bildmarke mit dem beschreibenden Textbestandteil und einem ausgeprägten grafischen Element das Zeichen eintragungsfähig machen. Allerdings ergibt sich hieraus nie eine starke Marke.

Beispiel

Die Worte „günstige Autos" als Zeichen sind für die Waren Autos, Autositze und Autoreifen der Nizza-Klasse 12 als Wortmarke nicht eintragungsfähig. Allerdings kann eine Wort-/Bildmarke mit den Worten „günstige Autos" und einem pfiffigen grafischen Symbol eintragungsfähig sein. In diesem Fall ist die Marke jedoch nicht eintragungsfähig wegen dem Text „günstige Autos", sondern wegen dem grafischen Element. Es könnte dann auch auf den Textbestandteil verzichtet werden, da dieser keinen Schutzumfang begründet, sondern allenfalls den Schutzumfang des grafischen Elements verkleinert. Die Wort-/Bildmarke bietet nur Schutz vor Marken, die dieselbe grafische Ausgestaltung aufweisen. Es wird kein Schutz vor der Benutzung des Textbestandteils durch Wettbewerber geboten. ◄

Ein Vorteil einer Wortmarke gegenüber einer Wort-/Bildmarke ergibt sich, falls die Marke nach einigen Jahren grafisch aufgefrischt werden soll (Facelifting).[2] Es kann der Wunsch bestehen, nach einer „modern aussehenden" Marke. Bei einer Wortmarke ist das in der Regel kein Problem, denn sämtliche Schreibweisen sind mitumfasst. Es kann eine beliebige Auffrischung der Marke erfolgen, ohne dass hierdurch dem gesetzlich geforderten Benutzungszwang der Marke nicht mehr genügt werden könnte.

---

[2] Siehe Kap. 19 Facelifting und Relaunch.

Markenform	Wortbestandteil	Bildbestandteil	Schutzbereich
Wortmarke	ja	nein	groß
Wort- /Bildmarke	ja	ja	klein

Abb. 3.4 Vergleich Wortmarke und Wort-/Bildmarke

Bei einer Wort-/Bildmarke sieht die Situation anders aus. Durch Facelifting kann der kennzeichnende Charakter der Marke verändert werden. In diesem Fall wird eine Neuanmeldung der Wort-/Bildmarke erforderlich. Eine gesetzlich geforderte Benutzung der ursprünglich eingereichten Wort- /Bildmarke liegt durch eine neu gestylte Marke in aller Regel nicht vor. Aus diesem Grund kann in aller Regel nur mit einer Wortmarke eine starke alte Marke geschaffen werden (siehe Abb. 3.4).

3.4   Bildmarke

Als Bildmarke kann insbesondere ein Logo geschützt werden. Hat man ein markantes, ausgefallenes Logo, kann es sinnvoll sein, das Logo mit einer Bildmarke zu schützen. Ist das Logo weniger ausgefallen und nicht phantasievoll, wird der entsprechenden Bildmarke eher ein geringer Schutzumfang zuerkannt.

Beispiel

Die Best Software GmbH meldet eine Wolke als Cloudsymbol in einer roten Farbe als Marke für die Klasse 9 für die Waren Software und Computer beim deutschen Patentamt an. Ein Cloudsymbol ist für eine Software beschreibend. Der Marke wird, auch wenn sie eingetragen wird, eher einen nur kleinen Schutzbereich zugestanden werden. Wird die Bad Software GmbH ein Cloudsymbol in grün mit weißem Hintergrund als Bildmarke für Software anmelden und eingetragen bekommen, wird die Best Software GmbH wahrscheinlich die Marke der Bad Software GmbH nicht erfolgreich angreifen können. Der Schutzumfang der Marke der Best Software GmbH umfasst eine andere Farbe des Cloudsymbols wahrscheinlich nicht. ◄

Phasen einer Marke

4

Die aufeinanderfolgenden Abschnitte im „Leben" einer Marke werden in diesem Kapitel vorgestellt und in den darauffolgenden Kapiteln werden diese Abschnitte vertieft. Das „Leben" einer Marke kann unendlich verlängert werden. Eine Schutzdauer einer Marke beträgt jeweils 10 Jahre.[1] Die Schutzdauer einer Marke kann beliebig oft um jeweils weitere zehn Jahre verlängert werden.[2] Eine Marke kann daher durch Bezahlung einer Verlängerungsgebühr unbegrenzt lange aufrechterhalten werden.

4.1 Namensfindung

Der erste Abschnitt ist die Namensfindung. Die erfolgreiche Bewältigung dieses Abschnitts entscheidet darüber, ob überhaupt eine wertvolle Marke erworben werden kann, denn nur eine phantasievolle Marke kann eine wertvolle Marke werden. Außerdem haben phantasievolle Marken oft keine oder nur geringe Probleme mit älteren Marken, da die Markeninhaber sich eher beschreibende als phantasievolle Marken schützen lassen. Die weitere große Hürde einer Marke, die Überwindung der absoluten Eintragungshindernisse, insbesondere mangelnde Unterscheidungskraft und das Verletzen des Freihaltebedürfnisses, stellen für phantasievolle Marken in aller Regel keine Schwierigkeit dar. Das Finden der geeigneten Marke entscheidet daher, ob die nachfolgenden Hürden auf dem Weg zur Eintragung der Marke problemlos oder nur unter großen Mühen überwunden werden.

---

[1] § 47 Absatz 1 Markengesetz.

[2] § 47 Absatz 2 Markengesetz.

© Der/die Autor(en), exklusiv lizenziert durch Springer-Verlag GmbH, DE, ein Teil von Springer Nature 2021
T. H. Meitinger, *Ohne Anwalt zur Marke,* https://doi.org/10.1007/978-3-662-64159-0_4

4.2   Eintragungsfähigkeit

Bevor ein Patentamt eine Marke in ein Markenregister aufnimmt, wird die Marke auf absolute Eintragungshindernisse geprüft. Die beiden wichtigsten Hürden hierbei sind die Unterscheidungskraft und das Freihaltebedürfnis. Eine mangelnde Unterscheidungskraft eines Zeichens liegt vor, falls das Zeichen von den beteiligten Verkehrskreisen nicht als eine Marke, also als die Bezeichnung des Herstellers oder Anbieters, erkannt wird. Das Freihaltebedürfnis wird verletzt, falls das Zeichen für die Waren und Dienstleistungen, für die das Zeichen angemeldet wurde, beschreibend ist.

4.3   Recherche nach älteren Rechten – Verwechslungsgefahr

Die Patentämter recherchieren vor der Eintragung einer Marke nicht, ob es ältere Marken gibt, die eine Verwechslungsgefahr begründen.[3] Eine eigene Recherche nach älteren Rechten ist daher unbedingt erforderlich. Andernfalls kann es passieren, dass nach mehreren Jahren, wenn insbesondere der Break-Even längst überwunden wurde und Gewinne erzielt werden, der Inhaber eines älteren Rechts verlangt, die weitere Benutzung der Marke zu beenden. Außerdem kann der Inhaber der älteren Marke die Kosten der Anwälte in Rechnung stellen, die seine Rechte durchsetzen. Ein derartiges desaströses Ereignis, das existenzgefährdend sein kann, kann nur durch eine eigene umfassende Recherche nach älteren Rechten sicher vermieden werden.

4.4   Anmelden einer Marke

Die Anmeldung einer Marke kann durch das postalische Versenden von Anmeldeunterlagen oder durch ein Online-Einreichen erfolgen. Beim deutschen Patentamt werden Anmeldeunterlagen alternativ per Fax angenommen.

4.5   Widerspruch

Die Patentämter prüfen vor der Eintragung nicht, ob eine Marke ältere Rechte verletzt. Die Patentämter schützen einen Inhaber einer älteren Marke daher nicht vor einer jüngeren Marke, die verwechslungsfähig mit seiner älteren Marke ist. Als Ausgleich wurde das Widerspruchsverfahren geschaffen, das einem Inhaber eines älteren Rechts ermöglicht, in kurzer Zeit und zu geringen Kosten eine mit seiner älteren Marke verwechslungsfähige jüngere Marke aus dem Register zu entfernen.

---

[3] Eine Ausnahme ist das US-amerikanische Patentamt USPTO. Das USPTO recherchiert vor der Eintragung einer Marke nach älteren Rechten und informiert den Anmelder über diese älteren Rechte.

4.6 Löschung

Nach Ablauf der Widerspruchsfrist kann nur noch mit einem Löschungsverfahren eine Marke aus dem Register entfernt werden. Eine deutsche Marke kann mit einem amtlichen Nichtigkeitsverfahren vor dem Patentamt bekämpft werden. Alternativ kann eine Löschungsklage vor einem Landgericht eingereicht werden.

4.7 Markenüberwachung

Der Inhaber einer Marke sollte regelmäßig, zumindest einmal im Monat, nach jüngeren Marken Ausschau halten, die mit seiner Marke verwechslungsfähig sind. Jüngere verwechslungsfähige Marken können zu einer Marktverwirrung führen. Schlimmstenfalls kann die eigene gute Reputation durch den Inhaber der jüngeren Marke leiden, falls dieser qualitativ minderwertige Waren mit der Marke vertreibt.

4.8 Durchsetzung einer Marke

Eine Marke muss gegen verwechslungsfähige, jüngere Marken durchgesetzt werden. Hierzu kann der Markenverletzer abgemahnt werden oder gegen ihn kann eine einstweilige Verfügung erwirkt werden. Außerdem können die Rechte des Markeninhabers durch eine Klage vor einem ordentlichen Gericht durchgesetzt werden.

4.9 Übersicht der Phasen

In der Abb. 4.1 wird die zeitliche Aufeinanderfolge der Phasen einer Marke dargestellt und auf die Kapitel des Buchs verwiesen, in denen die betreffende Phase im Detail beschrieben wird.

Abb. 4.1 Phasen einer Marke

Phasen einer Marke	
Phase 1: Namensfindung	Kapitel 6
Phase 2: Eintragungsfähigkeit	Kapitel 7
Phase 3: Recherche nach älteren Rechten	Kapitel 9
Phase 4: Anmelden der Marke	Kapitel 13
Phase 5: Widerspruch	Kapitel 14
Phase 6: Löschung	Kapitel 15
Phase 7: Markenüberwachung	Kapitel 16
Phase 8: Durchsetzen der Marke	Kapitel 17

Wirkungen einer Marke

5

Eine Marke ist ein ökonomisches Monopolrecht. Mit einer eingetragenen Marke ist es dem Markeninhaber erlaubt, die Benutzung seiner Marke durch einen Dritten in identischer oder verwechslungsfähiger Weise zu untersagen. Sie bietet ihrem Inhaber einen Unterlassungsanspruch, um gegen Markenpiraterie vorzugehen. Außerdem hat der Markeninhaber gegenüber dem Markenverletzer einen Schadensersatzanspruch. In der Abb. 5.1 sind sämtliche Ansprüche eines Markeninhabers gegenüber einem Markenverletzer aufgelistet.

Treffen zwei eingetragene Marken aufeinander, die identisch oder verwechslungsfähig für die jeweils eingetragenen Waren und Dienstleistungen sind, so gilt der Grundsatz der Priorität. Die Marke mit dem älteren Zeitrang gewährt ihrem Inhaber das Recht die Verwendung der jüngeren Marke zu verbieten.

5.1 Unterlassungsanspruch

Eine widerrechtliche Benutzung einer Marke führt zu einem Unterlassungsanspruch des Markeninhabers.[1] Der Unterlassungsanspruch steht allein dem Markeninhaber zu. Gibt es mehrere Markeninhaber, kann jeder Markeninhaber den Unterlassungsanspruch geltend machen.[2]

Ein Unterlassungsanspruch entsteht durch eine Erstbegehungsgefahr oder falls eine Wiederholungsgefahr gegeben ist. Eine Erstbegehungsgefahr setzt ernsthafte und greifbare Hinweise auf eine bevorstehende rechtswidrige Benutzung der Marke voraus.[3] Ist

---

[1] § 14 Absatz 2 Markengesetz bzw. Artikel 9 Absatz 2 Unionsmarkenverordnung.

[2] Jeder Markeninhaber kann entsprechend dem § 744 Absatz 2 BGB den Unterlassungsanspruch in Anspruch nehmen.

[3] BGH, 22.4.2010, I ZR 17/05 – Pralinenform II.

© Der/die Autor(en), exklusiv lizenziert durch Springer-Verlag GmbH, DE, ein Teil von Springer Nature 2021
T. H. Meitinger, *Ohne Anwalt zur Marke*, https://doi.org/10.1007/978-3-662-64159-0_5

Abb. 5.1 Wirkungen einer
Marke

Wirkungen einer Marke
•Unterlassungsanspruch
•Auskunftsanspruch
•Vorlage- und Besichtigungsanspruch
•Schadensersatzanspruch
•Vernichtungs- und Rückrufanspruch

eine Erstbegehungsgefahr unmittelbar anzunehmen, steht dem Markeninhaber ein vor-
sorglicher Unterlassungsanspruch zu.[4] Die Erstbegehungsgefahr muss sich konkret
abzeichnen, sodass eine fundierte rechtliche Einschätzung möglich ist.[5] Von einer Erstbegehungsgefahr kann insbesondere ausgegangen werden, falls der Markenverletzer
bekannt gibt oder durch eine Handlung vermittelt, dass er davon ausgeht, dass ihm
ein Recht zur Benutzung der Marke zusteht.[6] Von einer Erstbegehungsgefahr ist insbesondere auszugehen, falls der vermeintliche Markenverletzer die umstrittene Marke
beim Patentamt für sich angemeldet hat.[7]

Voraussetzung einer Wiederholungsgefahr ist, dass nach einer begangenen ersten
Markenverletzung eine tatsächliche Vermutung für eine weitere Markenverletzung
besteht.[8] Eine Wiederholungsgefahr ist nicht durch die Beendigung der ersten Markenverletzung gebannt. Eine Betriebsaufgabe, die Absetzung des Geschäftsführers oder das
Zahlen eines Schadensersatzes führen ebenfalls nicht zur Beseitigung der Wiederholungsgefahr.[9] Allein die Abgabe einer strafbewehrten Unterlassungserklärung beendet die

---

[4] BGH, 17.3.1994, I ZR 304/91, Gewerblicher Rechtsschutz und Urheberrecht, 1994, S. 530–532
– Beta.

[5] BGH, 25.2.1992, X ZR 41/90, Gewerblicher Rechtsschutz und Urheberrecht, 1992, S. 612–614
– Nicola; BGH, 13.3.2008, I ZR 151/05, Gewerblicher Rechtsschutz und Urheberrecht, 2008,
S. 912–913 – Metrosex.

[6] BGH, 31.5.2001, I ZR 106/99, Gewerblicher Rechtsschutz und Urheberrecht, 2001, S. 1174–
1175 – Berühmungsaufgabe; BGH, 26.1.2006, I ZR 121/03, Gewerblicher Rechtsschutz und
Urheberrecht, 2006, S. 429–431 – Schlank-Kapseln; BGH, 10.4.2003, I ZR 291/00, Neue
Juristische Wochenschrift, 2003, S. 3197–3198 – Buchclub-Kopplungsangebot; OLG Hamburg,
7.2.2005, 3 W 14/05, GRUR-RR, 2005, S. 223 – WM 2006.

[7] BGH, 22.1.2014, I ZR 71/12, Gewerblicher Rechtsschutz und Urheberrecht, 2014, S. 382 –
REAL-Chips; BGH, 13.3.2008, I ZR 151/05, Gewerblicher Rechtsschutz und Urheberrecht, 2008,
S. 912 – Metrosex; BGH, 14.1.2010, I ZR 92/08, Gewerblicher Rechtsschutz und Urheberrecht,
2010, S. 838 – DDR-Logo.

[8] BGH, 31.7.2008, I ZR 21/06, Gewerblicher Rechtsschutz und Urheberrecht, 2008, S. 1108–1110
– Haus & Grund III; BGH, 28.3.1996, I ZR 39/94, Gewerblicher Rechtsschutz und Urheberrecht,
1996, S. 781–783 – Verbrauchsmaterialien.

[9] BGH, 30.4.2008, I ZR 73/05, Gewerblicher Rechtsschutz und Urheberrecht, 2008, S. 702–706 –
Internet-Versteigerung III.

Wiederholungsgefahr.[10] Die Vertragsstrafe muss in einer Höhe vereinbart sein, die keine Zweifel an der Ernsthaftigkeit des Unterlassungsversprechens des Markenverletzers aufkommen lässt.[11] Ein Unterlassungsanspruch kann insbesondere mit einer Abmahnung, einer einstweiligen Verfügung oder im Klageverfahren wirksam durchgesetzt werden.

5.2 Auskunftsanspruch

Der Markeninhaber kann seinen Schadensersatzanspruch nur beziffern, falls er Informationen zum Umfang der Markenverletzung erhält. Entsprechend steht ihm ein Anspruch auf Auskunft gegenüber dem Markenverletzer zu.[12] Der Anspruchsgegner muss genau angeben, wieviele Produkte zu welchem Preis und an wen verkauft wurden. Außerdem muss der Anspruchsgegner mitteilen, woher er die mit der Marke gekennzeichneten Waren bezogen hat, die er nicht selbst mit der Marke versehen hat.

5.3 Vorlage- und Besichtigungsanspruch

Dem Markeninhaber steht ein Vorlage- und Besichtigungsanspruch gegen einen Dritten zu, falls mit hinreichender Wahrscheinlichkeit von einer Markenverletzung durch den Dritten auszugehen ist.[13] Der Markeninhaber soll die Möglichkeit bekommen zu überprüfen, ob tatsächlich eine Markenverletzung vorliegt. Der Vorlage- und Besichtigungsanspruch kann daher als ein vorgelagerter Anspruch angesehen werden, der der Feststellung der Existenz weiterer Ansprüche des Markeninhabers dient.

Der Vorlage- und Besichtigungsanspruch spielt im Markenrecht keine große Rolle, denn im Gegensatz zu einem Verfahrenspatent, das versteckt hinter Betriebsmauern verletzt werden kann, ist eine Markenverletzung im Marktgeschehen erkennbar.

---

[10] OLG Frankfurt, NJOZ, 2007, S. 4312 – Kollektivmarke Volksbank; BGH, 15.2.2007, I ZR 114/04, Gewerblicher Rechtsschutz und Urheberrecht, 2007, S. 871 – Wagenfeld-Leuchte.

[11] BGH, 7.10.1982, I ZR 120/80, Gewerblicher Rechtsschutz und Urheberrecht, 1983, S. 127–128 – Vertragsstrafeversprechen.

[12] § 19 Markengesetz; BGH, 29.9.1994, I ZR 114/84, Gewerblicher Rechtsschutz und Urheberrecht, 1995, S. 50 – Indorektal/Indohexal; BGH, 26.11.1987, I ZR 123/85, Gewerblicher Rechtsschutz und Urheberrecht, 1988, S. 307–308 – Gaby.

[13] § 19a Markengesetz.

Abb. 5.2 Grenzen der
Wirkung einer Marke

Grenzen der Wirkung einer Marke
• Verjährung • Verwirkung • Erschöpfung

5.4   Schadensersatzanspruch

Auf Basis der Auskünfte des Markenverletzers kann der Schadensersatz[14] berechnet
werden. Der Schadensersatz kann nach drei Arten berechnet werden.[15] Der Marken-
inhaber kann verlangen, dass sein Schaden ersetzt wird[16] und dass ihm der entgangene
Gewinn übertragen wird[17]. Alternativ kann der Markeninhaber die Herausgabe des
Gewinns des Verletzers verlangen (Gewinnherausgabe).[18] Die Gewinnherausgabe wurde
in der Vergangenheit selten gewählt, da sich der Verletzer regelmäßig arm rechnete.
Dieser missbräuchlichen Praxis hat der BGH durch eine jüngere Entscheidung einen
Riegel vorgeschoben. Die dritte Variante ist eine Berechnung des Schadensersatzes nach
Lizenzanalogie.[19] Die Wahl der Berechnungsmethode steht dem Markeninhaber zu.

5.5   Vernichtungs- und Rückrufanspruch

Der Markeninhaber hat einen Vernichtungsanspruch bezüglich der im Besitz oder
im Eigentum des Verletzers befindlichen Waren, die widerrechtlich mit der Marke des
Markeninhabers gekennzeichnet sind.[20] Der Vernichtungsanspruch erstreckt sich auch
auf Materialien und Geräte, die im Eigentum des Verletzers sind und die vorwiegend zur
widerrechtlichen Kennzeichnung dienen.[21] Der Markeninhaber hat einen Anspruch auf
Rückruf, der vom Verletzer widerrechtlich mit der Marke gekennzeichneten Waren.[22] Ein
Vernichtungs- und Rückrufanspruch besteht nur, falls die Durchsetzung der Ansprüche
verhältnismäßig ist.

---

[14] § 14 Absatz 6 Satz 1 Markengesetz.

[15] BGH, 2.2.1995, I ZR 16/93, Gewerblicher Rechtsschutz und Urheberrecht, 1995, S. 349 –
Objektive Schadensberechnung.

[16] §§ 249 ff. BGB.

[17] § 252 BGB.

[18] § 14 Absatz 6 Satz 2 Markengesetz.

[19] § 14 Absatz 6 Satz 3 Markengesetz.

[20] § 18 Absatz 1 Satz 1 Markengesetz.

[21] § 18 Absatz 1 Satz 2 Markengesetz.

[22] § 18 Absatz 2 Markengesetz.

5.6   Grenzen der Wirkung einer Marke

In der Abb. 5.2 werden die Grenzen der Wirkung einer Marke aufgelistet.

5.6.1   Verjährung

Die Ansprüche aus einer Marke, der Unterlassungsanspruch, der Auskunftsanspruch, der Vorlage- und Besichtigungsanspruch, der Schadensersatzanspruch und der Vernichtungs- und Rückrufanspruch, verjähren nach der Regelverjährung des Bürgerlichen Gesetzbuches nach Ablauf von drei Jahren.[23]

5.6.2   Verwirkung

Verwirkung bedeutet, dass der Markeninhaber durch eigenes Verschulden seine Rechte aus der Marke nicht mehr durchsetzen kann. Die markenrechtliche Verwirkung wurde von der Rechtsprechung auf Basis des Grundsatzes des Verbots der unzulässigen Rechtsausübung erarbeitet.[24] Die Verwirkung ergibt sich aus einer Interessenabwägung zwischen dem Markeninhaber und einem gutgläubigen Verletzer.

Voraussetzungen einer Verwirkung sind, dass der Verletzer die Marke ungestört und redlich über einen längeren Zeitraum benutzt hat. Außerdem muss sich der Verletzer durch die Benutzung der Marke einen erheblichen Wert geschaffen haben, der ihm nach Treu und Glauben[25] erhalten bleiben muss. Zusätzlich muss dieser entstandene Wert durch das Verhalten bzw. die Untätigkeit des Markeninhabers erst ermöglicht worden sein.[26]

---

[23] § 20 Satz 1 Markengesetz i. V. m. § 195 BGB.

[24] § 242 BGB.

[25] § 242 BGB.

[26] BGH, 31.7.2008, I ZR 171/05, Gewerblicher Rechtsschutz und Urheberrecht, 2008, S. 1104-1107 – Haus & Grund II; BGH, 31.7.2008, I ZR 21/06 Gewerblicher Rechtsschutz und Urheberrecht, 2008, S. 1108 – Haus & Grund III; BGH, 21.7.2005, I ZR 312/02, Gewerblicher Rechtsschutz und Urheberrecht, 2006, S. 56 – BOSS-Club; BGH, 6.5.2004, I ZR 223/01, Gewerblicher Rechtsschutz und Urheberrecht, 2004, S. 783-785 – Neuro-Vibolex/Neuro-Fibraflex; BGH, 15.2.2001, I ZR 232/98, Gewerblicher Rechtsschutz und Urheberrecht, 2001, S. 1161-1163 – CompuNet/ComNet; BGH, 24.6.1993, I ZR 187/91, Gewerblicher Rechtsschutz und Urheberrecht, 1993, S. 913-914 – KOWOG; BGH, 30.11.1989, I ZR 191/87, Gewerblicher Rechtsschutz und Urheberrecht, 1992, S. 329 – Ajs-Schriftenreihe; BGH, 7.6.1990, I ZR 298/88, Gewerblicher Rechtsschutz und Urheberrecht, 1990, S. 1042 – Datacolor; BGH, 2.2.1989, I ZR 183/86, Gewerblicher Rechtsschutz und Urheberrecht, 1989, S. 449 – Maritim; BGH, 26.5.1988, I ZR 227/86, Gewerblicher Rechtsschutz und Urheberrecht, 1988, S. 776 – PPC; BGH, 27.6.1980, I ZR 70/78, Gewerblicher Rechtsschutz und Urheberrecht, 1981, S. 66 – MAN/G-Man; BGH, 23.9.1992, I ZR 251/90, Gewerblicher Rechtsschutz und Urheberrecht, 1993, S. 151 – Universitätsemblem; BGH, 22.11.1984, I ZR 101/82, Gewerblicher Rechtsschutz und Urheberrecht, 1985, S. 389 – Familienname;

Das aus Sicht des Markeninhabers Fatale an einer Verwirkung ist, dass die Verwirkung auf andere jüngere Marken ausstrahlen kann. Ein Inhaber einer jüngeren Marke kann zu Recht argumentieren, dass der Markeninhaber der älteren Marke bereits die Benutzung ähnlicher, jüngerer Marken geduldet hat und man sich daher darauf verlassen können muss, dass dies auch auf eine weitere jüngere Marke zutrifft. Es ist daher wichtig, dass der Markeninhaber das Markenregister „sauber" hält. Eine Markenüberwachung ist erforderlich, um keine Aushöhlung des eigenen Markenrechts erdulden zu müssen.

5.6.3 Erschöpfung

Wird eine Ware mit der Zustimmung des Markeninhabers mit dessen Marke gekennzeichnet und in Deutschland oder in einem anderen Mitgliedsstaat der Europäischen Union oder in einem Vertragsstaat des Abkommens über den Europäischen Wirtschaftsraum in den Verkehr gebracht, tritt Erschöpfung ein. In diesem Fall ist das Recht des Markeninhabers, Einfluss auf die Benutzung der Marke für die gekennzeichneten Waren zu nehmen, erschöpft.[27]

Beispiel

Die Best Software GmbH hat in Deutschland eine eingetragene Marke „Pasqale". In Frankreich hat die Best Software GmbH kein Markenschutz. In Frankreich verkauft die Best Software GmbH ein mit der Marke „Pasqale" gekennzeichnetes Produkt. Ein Export und Verkauf dieses in Frankreich verkauften Produkts in Deutschland kann die Best Software GmbH nicht verbieten. Der Markenschutz der Best Software GmbH entfaltet in Deutschland bezüglich dieses Produkts keine Wirkung. ◀

Durch die Erschöpfung wird verhindert, dass der Markeninhaber einen Einfluss auf den weiteren Vertriebsweg eines mit seiner Marke gekennzeichneten Produkts hat. Einer vollständigen Kontrolle des Vertriebsweg durch den Markeninhaber wird damit ein Riegel vorgeschoben. Die Markenrechte des Markeninhabers erschöpfen sich daher durch die einmalige Zustimmung zu der Kennzeichnung mit der Marke.

BGH, 10.11.1965, Ib ZR 101/63, Gewerblicher Rechtsschutz und Urheberrecht, 1966, S. 623 – Kupferberg; BGH, 30.1.1963, Ib ZR 118/61, Gewerblicher Rechtsschutz und Urheberrecht, 1963, S. 478-481 – Bleiarbeiter.

[27] § 24 Absatz 1 Markengesetz.

Markennamen finden

6

Bevor eine Marke bei einem Patentamt zur Eintragung eingereicht wird, sind einige wichtige Punkte zu klären. Zum einen sollte ein guter Markenname gefunden werden. Die Waren und Dienstleistungen, für die die Marke angemeldet werden soll, sind zu bestimmen. Danach sollte geprüft werden, ob die Marke eintragungsfähig ist. Schließlich ist zu recherchieren, ob es ältere Marken gibt, die zu einer Verwechslungsgefahr führen.

Die Namensfindung ist der wichtigste Schritt auf dem Weg zu einer wertvollen Marke. Nur mit einem Zeichen mit hohem Wiedererkennungswert kann eine wertvolle Marke aufgebaut werden. Ein Zeichen „günstigAutokaufen" für Autos wird es schwer haben, einen hohen Wiedererkennungswert zu erwerben. „günstigAutokaufen" wird man leicht mit „günstigesAuto", „Auto günstig kaufen" oder „mein günstiges Fahrzeug" verwechseln. Im Gegensatz dazu wird eine Marke „Zeus" oder „Alhambra" für Autos leichter einen guten Wiedererkennungswert aufbauen können.

Die grundsätzlichen Schritte der Namensfindung für eine Marke sind eine Marktanalyse, ein Brainstorming, das Streichen problematischer Zeichen und ein Auswahlprozess. Die Abb. 6.1 zeigt die verschiedenen Schritte der Namensfindung.

6.1 Marktanalyse

Eine Marktanalyse dient der Analyse der Marken der Branche, für die die eigene Marke entwickelt wird. Hierdurch erhält man eine erste Orientierung, welche Art von Zeichen üblich sind und sich bewährt haben. Außerdem wird man Marken finden, die eher sperrig wirken.

Natürlich soll keine fremde Marke kopiert werden. Vielmehr gilt es, ein Gefühl für die Besonderheiten des Marktes zu erhalten. Außerdem ist es wichtig, dass sich die

T. H. Meitinger, *Ohne Anwalt zur Marke,* https://doi.org/10.1007/978-3-662-64159-0_6

Allgemeine Methode
•Marktanalyse •Brainstorming •problematische Zeichen streichen •Auswahlprozess

eigene Marke in ihrem Charakter deutlich abgrenzt zu den Marken der Konkurrenz. Nur auf diese Weise kann die Marke die Position des eigenen Unternehmens verkörpern und sich gegen die Wettbewerber behaupten. Es kann dann die eigene Marke mit den eigenen Werten „aufgeladen" werden.

6.2   Brainstorming

Brainstorming ist eine probate Kreativitätstechnik der Namensfindung für ein Produkt oder ein Unternehmen. Brainstorming erfolgt in einer Gruppe von vier bis acht Teilnehmern. Wichtig ist, dass das Brainstorming in einer angenehmen, entspannten Atmosphäre stattfindet. Es kann nachteilig sein, falls der „Chef" dabei ist. Es ist empfehlenswert, dass die Teilnehmer derselben Hierarchiestufe entstammen und daher gleichberechtigt sind.

Ein Grundsatz des Brainstormings ist, dass Quantität vor Qualität geht („Masse vor Klasse"). Es sollen möglichst viele Ideen gesammelt werden. Kritik ist verboten. Der Ideenfluss soll nicht gestört werden. Eine Auswahl findet ebenfalls nicht statt. Es soll auch nicht über die Ideen diskutiert werden. Allerdings können Ideen aufgenommen und fortentwickelt werden. Ausgefallene Ideen sind nicht nur erlaubt, sondern ausdrücklich erwünscht.

6.3   Problematische Zeichen aussondern

Zeichen, die phonetisch nicht harmonisch klingen bzw. schwer auszusprechen sind, sollen nicht weiterverfolgt werden. Zeichen mit schwieriger Schreibweise sollen ebenfalls ausgesondert werden. Dasselbe gilt für Zeichen, die auf einen aktuellen Modetrend aufspringen. Die Gefahr ist groß, dass nach Ende des Modetrends die Marke altbacken wirkt.

Die Marke soll in den Sprachen der zukünftigen Ziel-Länder keine negative Bedeutung haben. Sie soll außerdem in der jeweiligen fremden Sprache angenehm klingen und die Marke soll in dieser Sprache geschrieben werden können. Diese Voraussetzungen sind zumindest für die Weltsprache Englisch zu erfüllen.

Marken, die denen der Konkurrenz[1] zu ähnlich sind, sind zu verwerfen. Marken, die gekünstelt oder einfallslos wirken, sind ebenfalls keine geeigneten Aspiranten für eine Markenanmeldung.

---

[1] Konkurrenzunternehmen oder Wettbewerber werden alternativ als „Marktbegleiter" bezeichnet.

Probleme mit negativen Begriffsinhalten hatte Mitsubishi mit „Pajero". In spanisch-sprachigen Ländern stellt das Wort „Pajero" ein Schimpfwort dar. Mercedes-Benz musste seine Marke „Bensi" für China zurücknehmen, da „Bensi" im Chinesischen unheilvoll klingt.

6.4   Auswahlprozess

Die entwickelten Marken können einem Feldversuch unterworfen werden, indem beispiels-weise Freunde, Bekannte und Verwandte nach deren Meinung gefragt werden. Marken, die nicht spontan gut ankommen oder erklärungsbedürftig sind, können dadurch ausgesondert werden.

6.5   Empfehlenswerte Methode

Eine alternative Methode, die sich schon oft in der Praxis bewährt hat, umfasst vier Schritte: Fokussieren der Botschaft, Assoziationen bilden, Verbinden der Assoziationen und Fein-schliff. Die Abb. 6.2 zeigt in einer Übersicht die einzelnen Schritte der Namensfindung.

6.5.1   Fokussieren der Botschaft

Anhand einer Analyse des Marktes und des Wettbewerbs sind zwei Botschaften zu bestimmen, die von der Marke verkörpert werden sollen. Diese Botschaften sollen zu einem Alleinstellungsmerkmal der eigenen unternehmerischen Tätigkeit führen. Es kann insbesondere an die gewünschten Eigenschaften des Produkts oder der Dienstleistung gedacht werden.

In diesem Schritt ist es wichtig, sich zu fokussieren. Es soll bewusst eine Beschränkung auf nur zwei Botschaften erfolgen, um ein Verzetteln zu verhindern. Diese zwei Botschaften führen zu der angestrebten Kernkompetenz der von der Marke gekenn-zeichneten Waren und Dienstleistungen. Die fertige Marke soll die Kernkompetenz widerspiegeln.

Ein Unternehmen, das zehn Kernkompetenzen für sich in Anspruch nimmt, hat wahr-scheinlich gar keine Kernkompetenz. Eine Kernkompetenz muss zielstrebig aufgebaut

Abb. 6.2 Empfohlene
Methode der Namensfindung

Empfohlene Methode
• Fokussieren der Botschaft
• Assoziationen bilden
• Assoziationen verbinden
• Feinschliff

und konstant fortentwickelt werden. Das erfordert umfangreiche Ressourcen. Der Aufbau von gleichzeitig zehn Kernkompetenzen wird in aller Regel die vorhandenen Ressourcen sprengen. Eine Beschränkung auf zwei Kernkompetenzen empfiehlt sich.

6.5.2 Assoziationen bilden

Synonyme und ähnliche Begriffe zu den beiden Botschaften werden gesucht. Es gilt die Regel „Masse vor Klasse". Es sollen möglichst viele Begriffe gefunden werden. Ausgefallene Begriffe und phantasievolle Assoziationen sind besonders willkommen. Es ergeben sich für jede der beiden Botschaften eine Liste von Synonymen, ähnlichen Begriffen und Assoziationen.

6.5.3 Assoziationen verbinden

Die Begriffe der beiden Listen werden kombiniert. Es können beliebige Verknüpfungen hergestellt werden. Variationen, die zusätzliche Bestandteile enthalten, die nicht auf den Listen stehen, sind ausdrücklich erwünscht. Der Kreativität werden keine Schranken gesetzt. Ein sklavisches Festhalten an den vorhandenen Synonymen oder Assoziationen ist nicht erforderlich. Auch hier gilt „Quantität vor Qualität". Es sollen möglichst viele Variationen erzeugt werden. Eine Kritik oder Auswahl erfolgt in diesem Schritt nicht.

6.5.4 Auswahl und Feinschliff

Der letzte Schritt ist die Auswahl. Die erzeugten Kombinationen sind kritisch zu prüfen. Variationen, die sehr lang sind, schwer zu schreiben oder auszusprechen sind, werden verworfen. Variationen, die unsinnig oder einfallslos klingen, sind ebenfalls auszusondern.

Entwickelte Begriffe können noch nachgebessert werden. Eventuell können Teile der Marken weggelassen werden, um zu einem griffigen Zeichen zu gelangen. Eine Endauswahl kann mit einem kleinen Feldversuch mit Freunden und Bekannten erfolgen.

6.6   Zusammenfassung

Die Namensfindung ist der erste und wichtigste Schritt auf dem Weg zu einer wertvollen Marke. Es wurden zwei Methoden vorgestellt, um diesen Schritt zu bewältigen. Es spricht nichts dagegen beide Methoden oder noch weitere Methoden parallel anzuwenden.

Es ist nicht erforderlich, sich sofort nach der Namensfindung auf eine Marke festzulegen. Es ist sinnvoll durch die Namensfindung mehrere, beispielsweise drei, Markennamen zu entwickeln und diese den markenrechtlichen Prüfungen zu unterziehen. Die markenrechtlichen Prüfungen umfassen vor allem das Prüfen auf absolute Eintragungshindernisse und auf Verwechslungsgefahr mit älteren Rechten. Insbesondere bei der Prüfung auf ältere Rechte können entwickelte Markennamen zu verwerfen sein.

Ein sinnvoller Weg ist daher, beide vorgestellten Methoden der Namensfindung anzuwenden. Im Auswahlprozess zu einer kleinen Gruppe von drei bis fünf Markennamen zu gelangen und diese den markenrechtlichen Prüfungen zu unterziehen.

Eintragungshindernisse

Das Patentamt prüft vor der Eintragung einer Marke in das Markenregister ausschließlich, ob die Marke die sogenannten absoluten Eintragungshindernisse überwindet.[1] Zeichen, die gegen die öffentliche Ordnung oder gegen die guten Sitten verstoßen, werden nicht als Marke eingetragen. Außerdem werden Zeichen, die Staatswappen, Staatsflaggen, staatliche Hoheitszeichen, Wappen eines inländischen Ortes oder eines inländischen Gemeinde- oder anderen Kommunalverbandes, amtliche Prüf- oder Gewährzeichen enthalten, nicht in das Markenregister des Patentamts aufgenommen. Die Abb. 7.1 gibt eine Übersicht der Eintragungshindernisse.

7.1 Mangelnde Unterscheidungskraft

Ein eintragungsfähiges Zeichen muss unterscheidungskräftig sein. Unterscheidungskraft liegt vor, falls die beteiligten Verkehrskreise erkennen, dass mit dem Zeichen die Herkunft der Ware oder der Dienstleistung beschrieben werden soll. Die beteiligten Verkehrskreise sind der Handel und der aufmerksame, verständige Durchschnittsverbraucher. Worte wie „Super", „klasse" oder „toll" weisen keine Unterscheidungskraft auf. Diese Worte werden von den beteiligten Verkehrskreisen nicht als Herkunftsangabe aufgefasst, sondern nur als die Ware oder Dienstleistung anpreisend. Derartige Zeichen können nicht als Marke in das Register des Patentamts aufgenommen werden.[2]

---

[1] § 8 Markengesetz.
[2] § 8 Absatz 2 Nr. 1 Markengesetz.

Abb. 7.1 Absolute
Eintragungshindernisse

Eintragungshindernisse
• mangelnde Unterscheidungskraft • Freihaltebedürfnis • Täuschungsgefahr • öffentliche Ordnung und gute Sitten • Staatswappen und Staatsflaggen • amtliche Prüf- und Gewährszeichen • Bösgläubigkeit

7.2   Freihaltebedürfnis

Zeichen, die zur Bezeichnung der Art, der Beschaffenheit, der Menge, der Bestimmung, des Wertes, der geographischen Herkunft, der Zeit der Herstellung der Waren oder der Erbringung der Dienstleistungen oder sonstiger Merkmale der Waren oder Dienstleistungen dienen können, sind von der Eintragung ausgeschlossen.[3] Der Sinn liegt darin, dass jeder Marktteilnehmer in der Lage sein muss, seine Waren und Dienstleistungen in ihren Eigenschaften zu beschreiben. Hierbei ist zu berücksichtigen, dass ein Freihaltebedürfnis spezifisch für bestimmte Waren und Dienstleistungen gilt.

Ein Zeichen, das beschreibend ist, ist von der Eintragung in das Markenregister ausgeschlossen. Eine Ausnahme liegt bei einer Marke vor, die zur Verkehrsdurchsetzung gelangt ist. Verkehrsdurchsetzung bedeutet, dass mindestens 80 % der beteiligten Verkehrskreise das Zeichen als das Herkunftszeichen des betreffenden Unternehmens kennt.

7.3   Täuschungsgefahr

Zeichen, die zu einer Täuschung des Publikums, insbesondere bezüglich der Art, der Beschaffenheit oder der geographischen Herkunft der Waren oder der Dienstleistungen führen, werden nicht als Marke eingetragen.[4] Ein Zeichen, das beispielsweise suggeriert, dass das betreffende Unternehmen deutschlandweit tätig ist, obwohl das Unternehmen in keiner Hinsicht diesem Anspruch gerecht werden kann, stellt eine derartige Täuschung dar.

---

[3] § 8 Absatz 2 Nr. 2 Markengesetz.
[4] § 8 Absatz 2 Nr. 4 Markengesetz.

7.4 Öffentliche Ordnung und gute Sitten

Ein Verstoß gegen ein Gesetz bedeutet nicht automatisch einen Verstoß gegen die öffentliche Ordnung. Erst ein Verstoß gegen die wesentlichen Grundsätze des deutschen Rechts erfüllt diesen Tatbestand. Ein Verstoß gegen die öffentliche Ordnung ist mit Zurückhaltung festzustellen, da es sich um einen Ausnahmetatbestand handelt.

Ein Verstoß gegen die guten Sitten ergibt sich, falls eine grobe Geschmacksverletzung in sittlicher, politischer oder religiöser Hinsicht vorliegt.[5] Die Geschmacksverletzung muss sich für die Mehrheit des durch das Zeichen beabsichtigten Publikums ergeben.

7.5 Staatswappen, Staatsflaggen und amtliche Prüf- und Gewährszeichen

Eine Marke darf kein Staatswappen, Staatsflaggen oder amtliches Prüf- und Gewährszeichen enthalten. Ansonsten ist eine Eintragung in das Markenregister ausgeschlossen.[6]

7.6 Bösgläubige Anmeldung

Eine Marke, die mit der Absicht angemeldet wurde, ausschließlich einen Dritten zu behindern, wird nicht als Marke eingetragen.[7] Voraussetzung ist, dass dem Patentamt die ältere Marke bekannt ist.

Es gibt Fälle, bei denen ein Produkt mit einer Marke bereits auf dem Markt ist, ohne dass die Marke beim Patentamt eingetragen wurde, und ein Dritter diese Marke für genau diese Waren und Dienstleistungen zur Marke anmeldet. In diesem Fall kann eine bösgläubige Markenanmeldung vorliegen, die mit einem Nichtigkeitsverfahren[8] vor dem Patentamt oder einer Löschungsklage vor dem Landgericht bekämpft werden kann.

Beispiel

Die Best Software GmbH verkauft ihre Software unter der Marke „Pasquale". Die Best Software GmbH hat keine Marke angemeldet. Ein Jahr später lässt sich die

---

[5] BGH, 18.9.1963, Ib ZB 21/62, Gewerblicher Rechtsschutz und Urheberrecht, 1964, S. 136 – Schweizer Käse.

[6] § 8 Absatz 2 Nr. 6 und 7 Markengesetz.

[7] § 8 Absatz 2 Nr. 14 Markengesetz.

[8] § 53 Absatz 1 Sätze 1 und 2 i. V. m. § 50 Absatz 1 Markengesetz.

Bad Software GmbH die Marke „Pasquale" für die Klasse 9 für Computer und Software und die Klasse 42 für Softwareentwicklung als Marke eintragen und benutzt die Marke auch. Durch die Benutzung liegt keine bösgläubige Anmeldung vor. Die Bad Software GmbH kann der Best Software GmbH zu Recht verbieten, die Marke „Pasquale" für Software weiter zu verwenden. ◀

Der Inhaber einer Marke kann jedem Dritten verbieten, seine Marke für die eingetragenen Waren und Dienstleistungen zu verwenden. Die Bad Software GmbH hat das Recht der Best Software GmbH zu verbieten, die Marke „Pasquale" für Software zu benutzen. In diesem Fall bleibt der Best Software GmbH nur übrig, auf die Benutzung der Marke „Pasquale" zu verzichten oder die Markenanmeldung der Bad Software GmbH als bösgläubige Anmeldung anzugreifen. Hierzu ist ein Löschungsantrag beim Patentamt zu stellen und darzulegen, dass die Marke ausschließlich zur Behinderung der eigenen Geschäftstätigkeit angemeldet wurde. Bei einem Löschungsverfahren handelt es sich um ein langwieriges Verfahren. Es muss mit einer Verfahrensdauer von ungefähr einem Jahr gerechnet werden.

Voraussetzung eines erfolgreichen Löschungsverfahrens wegen bösgläubiger Markenanmeldung ist, dass rein aus Behinderungsabsicht eine Marke angemeldet wurde. Der Nachweis der Ausschließlichkeit ist hier schwierig, da die Bad Software GmbH die Marke „Pasquale" benutzt. Eine ausschließliche Behinderungsabsicht kann der Bad Software GmbH daher nicht nachgewiesen werden. Ein Löschungsverfahren wird voraussichtlich erfolglos sein.

Alternativen zu einem Löschungsverfahren sind eine einstweilige Verfügung oder eine Klage wegen unlauteren Wettbewerbs. Allerdings gelten hierbei die gleichen Prinzipien. Es ist ebenfalls zu zeigen, dass die Bad Software GmbH kein eigenes Interesse hat, sondern allein aus Behinderungsabsicht die Marke angemeldet hat. Ein derartiger Nachweis ist bei einer benutzten Marke kaum möglich.

Eine andere Situation läge vor, falls nicht die Best Software GmbH, sondern die Pasquale Software GmbH ihre Software unter der Bezeichnung „Pasquale" vertrieben hätte.

Beispiel

Die Pasquale Software GmbH vertreibt Software unter der Marke „Pasquale". Die Marke „Pasquale" wurde nicht zur Marke angemeldet. Die Bad Software GmbH meldet die Marke „Pasquale" beim Patentamt an. In diesem Fall gibt es bereits ein Firmenkennzeichen der Pasquale Software GmbH vor der Anmeldung der Marke „Pasquale" durch die Bad Software GmbH. Durch das prioritätsältere Firmenkennzeichen kann die Marke „Pasquale" der Bad Software GmbH angegriffen werden. Beispielsweise kann ein Widerspruch beim deutschen Patentamt eingereicht werden. ◀

Abb. 7.2 Verkehrsgeltung versus Verkehrsdurchsetzung

Verkehrsgeltung versus Verkehrsdurchsetzung	
Marke ist grundsätzlich eintragungsfähig	Marke ist grundsätzlich nicht eintragungsfähig
Verkehrsgeltung führt zur Benutzungsmarke	Verkehrsdurchsetzung überwindet mangelnde Eintragungsfähigkeit
20-25 % Bekanntheit in den beteiligten Verkehrskreisen	über 50% Bekanntheit in den beteiligten Verkehrskreisen
regionale Bekanntheit genügt	bundesweite Bekanntheit erforderlich

Voraussetzung für ein Widerspruchsverfahren auf Basis eines Firmenkennzeichens ist, dass nachgewiesen wird, dass ein relevantes Firmenkennzeichen vor dem Anmeldetag der widersprochenen Marke entstanden ist. Der Nachweis muss erbringen, dass insbesondere eine deutschlandweite Benutzung mit ausreichendem Umsatz mit den Waren und Dienstleistungen, für die die widersprochene Marke angemeldet wurde, erfolgte.

7.7 Eintragung durch Verkehrsdurchsetzung

Die Eintragungshindernisse der mangelnden Unterscheidungskraft und des Verletzens des Freihaltebedürfnisses bleiben unbeachtlich, falls die betreffende Marke Verkehrsdurchsetzung erlangt hat.[9]

Die Verkehrsdurchsetzung ist von der Verkehrsgeltung zu unterscheiden. Eine Verkehrsgeltung ist ausreichend für eine prinzipiell eintragungsfähige Marke, damit sie durch Benutzung Markenrecht erhält.[10] Eine Verkehrsgeltung erfordert nicht, dass in einer Mehrheit der beteiligten Verkehrskreise die Marke bekannt ist. Eine Verkehrsdurchsetzung ist erforderlich, damit eine Marke, obwohl sie nicht eintragungsfähig ist, dennoch eingetragen wird. Für eine Verkehrsdurchsetzung ist es Voraussetzung, dass eine Mehrheit der beteiligten Verkehrskreise die Marke kennt. Verkehrsdurchsetzung liegt also vor, falls mehr als 50 % der beteiligten Verkehrskreise mit der Marke den Hersteller oder Anbieter der bezeichneten Waren in Verbindung bringen.

Außerdem ist für eine Verkehrsdurchsetzung in aller Regel eine Bekanntheit im ganzen Hoheitsgebiet Deutschlands erforderlich. Für eine Verkehrsgeltung genügt üblicherweise eine örtliche Bekanntheit (siehe Abb. 7.2).

---

[9] § 8 Absatz 3 Markengesetz.

[10] § 4 Nr. 2 Markengesetz.

Verwechslungsgefahr

Vor der Anmeldung einer Marke sollte geprüft werden, ob es ältere Rechte gibt, die zu einer Verwechslungsgefahr mit der Marke führen. Wird eine Marke ohne Prüfung der Verwechslungsgefahr genutzt, um eine geschäftliche Tätigkeit aufzubauen, kann sich ein Desaster ergeben. Die geschäftliche Tätigkeit wird aufgenommen und nach beispielsweise sieben Jahren erscheint der Inhaber eines älteren Rechts und verbietet die weitere Benutzung der Marke. Außerdem kann er einen Anspruch auf Herausgabe des Verletzergewinns geltend machen. Ein Horrorszenario und eventuell ein abruptes Ende der geschäftlichen Tätigkeit.

Das deutsche Patentamt recherchiert nicht nach älteren Marken, deren Schutzbereich durch eine einzutragende Marke verletzt wird. Das deutsche Patentamt prüft vor der Eintragung der Marke in das Register ausschließlich, ob die absoluten Eintragungshindernisse verletzt werden.

Das EUIPO recherchiert nach älteren Rechten und erstellt einen Recherchenbericht.[1] Die Inhaber der recherchierten älteren Rechte werden nach der Veröffentlichung der Anmeldung der Marke informiert.[2] Es wird ihnen damit Gelegenheit gegeben, Widerspruch gegen eine jüngere Marke einzulegen.[3] Der Recherchenbericht wird auch dem Anmelder der jüngeren Marke auf Antrag übermittelt.[4] Es entstehen dem Anmelder keine zusätzlichen Kosten.

Zur Feststellung ähnlicher (oder sogar identischer) älterer Marken sollte vor der Anmeldung der Marke eine sogenannte Ähnlichkeitsrecherche vorgenommen werden. Bei einer Ähnlichkeitsrecherche sollen nur solche älteren Marken berücsichtigt werden,

---

[1] Artikel 43 Absatz 1 Unionsmarkenverordnung.

[2] Artikel 43 Absatz 7 Satz 1 Unionsmarkenverordnung.

[3] Artikel 46 Absatz 1 Unionsmarkenverordnung.

[4] Artikel 43 Absatz 6 Unionsmarkenverordnung.

T. H. Meitinger, *Ohne Anwalt zur Marke*, https://doi.org/10.1007/978-3-662-64159-0_8

die für ähnliche oder identische Waren und Dienstleistungen eingetragen wurden. Möchte man beispielsweise eine Marke für Lebensmittel eintragen, werden ältere Marken für Autos wahrscheinlich nicht relevant sein. Alternativ kann eine Recherche nach Marken ausgewählter Dritter für vorgegebene Waren und Dienstleistungen durchgeführt werden. Hierdurch wird eine Wettbewerbsanalyse ermöglicht.

Bei einer Markenrecherche für eine deutsche Marke sind nach deutschen Marken, nach Unionsmarken und internationalen Registrierungen, die Deutschland oder die Europäische Union benennen, zu recherchieren.

Möchte man eine Unionsmarke anmelden, so ist nach Unionsmarken, nach nationalen Marken aller EU-Staaten und nach internationalen Registrierungen, die die Europäische Union oder ein Mitgliedsstaat der Europäischen Union benennen, zu recherchieren.

Eine Verwechslungsgefahr liegt vor, falls die relevanten Verkehrskreise nicht zwischen zwei Marken unterscheiden können. Hört oder sieht ein Verkehrsteilnehmer eine erste Marke eines ersten Markeninhabers und danach, beispielsweise eine Stunde später, eine zweite Marke eines zweiten Markeninhabers und glaubt er, dass der erste Markeninhaber und der zweite Markeninhaber dieselbe Person oder das gleiche Unternehmen sind, so liegt Verwechslungsgefahr vor.

Voraussetzung einer Verwechslungsgefahr ist nicht nur, dass die beiden Marken identisch sind, es genügt eine ausreichende Ähnlichkeit. Es ist auch nicht erforderlich, dass unter den beiden Marken dieselben Waren und Dienstleistungen angeboten werden. Es genügt, dass die Waren und Dienstleistungen derart ähnlich sind, dass der Verkehrsteilnehmer von demselben Anbieter der Waren und Dienstleistungen ausgeht. Durch eine Verwechslungsgefahr wird von einer jüngeren Marke in den Schutzumfang einer älteren Marke eingegriffen.

Die Abb. 8.1 zeigt das grundsätzliche Prüfungsschema. Der erste Schritt ist die Prüfung auf Ähnlichkeit der Waren und Dienstleistungen für die die beiden Marken eingetragen bzw. angemeldet sind. Ist eine Ähnlichkeit der Waren und Dienstleistungen ausgeschlossen, kann keine Verwechslungsgefahr vorliegen und die Prüfung ist beendet.

Im nächsten Schritt erfolgt ein Vergleich der Markendarstellungen. Liegt keine Ähnlichkeit der Markendarstellungen vor, ist eine Verwechslungsgefahr ausgeschlossen. Andernfalls ist zu prüfen, ob die Ähnlichkeit der Waren und Dienstleistungen und die Ähnlichkeit der Markendarstellungen für eine Verwechslungsgefahr ausreichend ist. Außerdem wird geprüft, ob bei der älteren Marke von einem erhöhten Schutzumfang durch eine intensive Benutzung auszugehen ist. In diesem Fall wird eher von einer Verwechslungsgefahr aus-

Abb. 8.1 Prüfung der
Verwechslungsgefahr

Prüfung der Verwechslungsgefahr
• Ähnlichkeit der Waren und Dienstleistungen
• Ähnlichkeit der Marken
– klangliche Ähnlichkeit
– schriftbildliche Ähnlichkeit
– begriffliche Ähnlichkeit
• Schutzumfang der älteren Marke

Abb. 8.2 Kriterien der
Ähnlichkeit der Waren und
Dienstleistungen

Ähnlichkeit der Waren und Dienstleistungen
• Art der Waren und Dienstleistungen (Zusammensetzung, Funktionsweise, Beschaffenheit, Erscheinungsbild und Wert/Preis der Ware oder Dienstleistung) • Verwendungszweck (Anwendungsbereich) • Verwendungsmethode (Nutzung der Ware oder Dienstleistung) • einander ergänzende Waren und Dienstleistungen • konkurrierende Waren und Dienstleistungen • Vertriebswege (Vertriebskanäle und Verkaufsstätten) • regelmäßige Herkunft der Waren und Dienstleistungen

gegangen. Andernfalls wird eine durchschnittliche Kennzeichnungskraft der älteren Marke angenommen. Bei der jüngeren Marke wird kein erhöhter Schutzumfang angenommen, da mit der jüngeren Marke noch keine intensive Benutzung aufgenommen worden sein konnte.

Ein besonderer Fall ist die Doppelidentität. In diesem Fall sind sowohl die Waren und Dienstleistungen als auch die Markendarstellungen identisch. Eine Verwechslungsgefahr ist ohne Bedenken zu bejahen.

8.1   Ähnlichkeit von Waren und Dienstleistungen

Bei den Waren und Dienstleistungen werden verschiedene Aspekte betrachtet, um die Ähnlichkeit zu bestimmen. Grundsätzlich gilt, dass sich eine Warenähnlichkeit nicht deswegen ableiten lässt, weil die betreffenden Waren oder Dienstleistungen derselben Nizza-Klasse angehören. Das kann beispielsweise an der Klasse 9 verdeutlicht werden, in der sowohl Software als auch Sonnenbrillen und Kontaktlinsen enthalten sind. Die Klassifikation der Waren und Dienstleistungen ergibt nicht direkt eine Waren- bzw. Dienstleistungsähnlichkeit. Die Ähnlichkeit der Waren und Dienstleistungen ergibt sich aus der Art, dem Verwendungszweck, der Nutzung, ob es sich um konkurrierende oder einander ergänzende Waren und Dienstleistungen handelt, der Vertriebswege, der relevanten Verkehrskreise und der regelmäßigen Herkunft der Waren und Dienstleistungen (siehe Abb. 8.2).[5]

8.1.1   Art der Waren oder Dienstleistungen

Die Art einer Ware bzw. einer Dienstleistung kann aus den Faktoren Zusammensetzung, Funktionsweise, Beschaffenheit, Erscheinungsbild und Wert der Ware oder Dienstleistung abgeleitet werden. Bei den einzelnen Faktoren sollten denjenigen eine

---

[5] EuGH, 29.9.1998, C-39/97, Gewerblicher Rechtsschutz und Urheberrecht, 1998, S. 922 – Canon.

Abb. 8.3 Art der Waren und
Dienstleistungen

Art der Waren und Dienstleistungen
• Zusammensetzung der Ware (Rohmaterialien und Bestandteile) • Funktionsweise (mechanische, optische, elektrische, biologische oder chemische Funktionsweise) • Beschaffenheit (fest, flüssig, gasförmig) • Erscheinungsbild • Wert bzw. Preis der Ware oder Dienstleistung

besondere Wichtigkeit zugeordnet werden, die aus Sicht der beteiligten Verkehrskreise eine herausgehobene Bedeutung einnehmen (siehe Abb. 8.3).

Beispielsweise ist für alkoholische Getränke die **Zusammensetzung,** insbesondere der Alkoholgehalt, von besonderer Bedeutung. Das Erscheinungsbild, also beispielsweise die Form der Flasche, in der der Alkohol abgefüllt ist, hat eine geringe Bedeutung. Andererseits ist bei Kleidung das Erscheinungsbild bedeutsam, beispielsweise als Frauen- oder Herrenkleidung. Die Zusammensetzung der Kleidung spielt in aller Regel eine nur untergeordnete Rolle.

Die **Funktionsweise** einer Ware kann unterteilt werden in eine mechanische, optische, elektrische, biologische oder chemische Funktionsweise. Beispielsweise gibt es Biegemaschinen, die auf mechanische Weise wirken und Bleche biegen können. Andererseits verfahren Waschmaschinen auf eine chemische Weise, indem durch chemische Mittel, insbesondere durch Waschmittel, der gewünschte Effekt erzeugt wird. Aus Sicht der Funktionsweise sind daher Biegemaschinen und Waschmaschinen unähnlich.

Bei der **Beschaffenheit** ist insbesondere auf die übliche Beschaffenheit abzustellen, ob es sich insbesondere um eine Ware handelt, die typischerweise fest, flüssig oder gasförmig vorliegt. Beispielsweise sind Getränke flüssig und Backwaren sind fest. Die Beschaffenheit ist ein weniger wichtiges Indiz für eine Ähnlichkeit oder Unähnlichkeit von Waren.

Bei Spielzeug ist das **Erscheinungsbild** entscheidend. Das Erscheinungsbild muss derart sein, dass es für das Kind attraktiv ist. Aus welchem Material das Spielzeug besteht ist nachrangig, solange das Material für das Kind nicht gesundheitsschädlich ist.

Ein stark **unterschiedlicher Preis einer Ware oder Dienstleistung** ist mit Zurückhaltung als Hinweis auf eine Unähnlichkeit der Waren oder Dienstleistungen zu interpretieren. Beispielsweise sind der Neuwagenkauf und das Kfz-Leasing ähnliche Dienstleistungen, obwohl zunächst deutlich unterschiedliche Preise auf den Kunden der Ware bzw. der Dienstleistung zukommen.

8.1.2 Verwendungszweck

Bei dem Verwendungszweck ist von der beabsichtigten Verwendung einer Ware und Dienstleistung auszugehen, also von der Verwendung für die die Ware oder Dienstleistung in aller Regel angeboten wird. Mit dem regelmäßigen Verwendungszweck soll das Bedürfnis des Kunden befriedigt werden.

Der Verwendungszweck ist ein wichtiger Aspekt bei der Bewertung der Waren- und Dienstleistungsähnlichkeit. Er bestimmt die beabsichtigte Nutzung der Waren und Dienstleistungen. Ist der Verwendungszweck ähnlich wird sich in aller Regel eine Ähnlichkeit der Waren und Dienstleistungen ergeben, denn in diesem Fall stehen die Waren oder Dienstleistungen in einem Konkurrenzverhältnis. Ein Beispiel hierfür ist Shampoo und Duschgel, die beide der Körperpflege dienen. Die Waren Shampoo und Duschgel können als ähnlich angesehen werden.

Allerdings sollte man sich nicht blind auf den Verwendungszweck verlassen. Die Waren Zahnpasta und Duschgel weisen denselben Verwendungszweck auf, nämlich der Reinigung und Hygiene des Körpers. Dennoch kann bei den Waren Zahnpasta und Duschgel von einer nur geringen Warenähnlichkeit ausgegangen werden.

8.1.3 Verwendungsmethode

Die Verwendungsmethode stellt das Prozedere dar, wie die Ware oder die Dienstleistung angewandt oder genutzt wird, damit der Verwendungszweck erreicht wird. Die Verwendungsmethode führt daher zu der Befriedigung des Bedürfnisses des Kunden der Ware oder der Dienstleistung.

Die Verwendungsmethode eines Rasenmähers ist das Schieben über eine Rasenfläche, wodurch der Verwendungszweck des Schneidens des Rasens erreicht wird. Ein Kinderwagen kann ebenfalls über einen Rasen geschoben wird, wodurch der Verwendungszweck, das Transportieren eines schlafenden Babys erzielt wird. Aus den gleichen Verwendungsmethoden, nämlich Schieben, kann aber nicht auf eine Ähnlichkeit eines Rasenmähers mit einem Kinderwagen geschlossen werden.

8.1.4 Einander ergänzende Waren oder Dienstleistungen

Waren oder Dienstleistungen können sich ergänzen und stellen dann komplementäre Produkte dar. Können die Waren oder Dienstleistungen nur gemeinsam dem beabsichtigten Verwendungszweck zugeführt werden, besteht eine hohe Abhängigkeit zwischen den Waren und Dienstleistungen und es ist von einer Ähnlichkeit der Waren oder Dienstleistungen auszugehen. Ein Beispiel hierfür ist Zigarettentabak und Zigarettenpapier zum Selberdrehen. Ein weiteres Beispiel können Handtücher und Strandartikel sein.

8.1.5 Miteinander konkurrierende Waren oder Dienstleistungen

Miteinander konkurrierende Waren und Dienstleistungen richten sich an dieselben Kundenkreise und sind wirtschaftlich austauschbar. Konkurrierende Produkte stehen

konkurrierende Waren und Dienstleistungen		
wirtschaftlich austauschbar, richten sich an dieselben Abnehmer, gleiche Zweckbestimmung		
Beispiele:		
Butter	versus	Margarine
Neuwagenkauf	versus	Kfz-Leasing
Goldschmuck	versus	Modeschmuck

Abb. 8.4 Konkurrierende Waren und Dienstleistungen

daher im Wettbewerb zueinander. Die relevanten Verkehrskreise gehen davon aus, dass konkurrierende Waren oder Dienstleistungen aus demselben Hause stammen können. Beispiele für konkurrierende Produkte sind Butter und Margarine, Goldschmuck und Modeschmuck oder Neuwagenkauf und Kfz-Leasing (siehe Abb. 8.4).

8.1.6 Vertriebswege

Der Hersteller einer Ware kann die Ware im Einzelhandel oder im Großhandel vertreiben. Außerdem gibt es den Strukturvertrieb, bei dem die Ware direkt an Kunden und an Wiederverkäufer verkauft wird. Die Wiederverkäufer können insbesondere vom Verkäufer angeworben worden sein. Werden Waren über dieselben Vertriebskanäle vertrieben, fassen die relevanten Verkehrskreise die Waren eher als ähnlich auf.

Verkaufsstätten sind beispielsweise Supermärkte, Drogeriemärkte und Warenhäuser. In Supermärkten werden von Lebensmitteln, Schreibutensilien bis zu Klebstoffen eine große Vielfalt an Waren angeboten. Aus diesem Grund ist dieselbe Verkaufsstätte kein starkes Argument für eine Warenähnlichkeit. Werden hingegen die zu vergleichenden Produkte vorwiegend in Fachgeschäften angeboten, die nur ein sachlich beschränktes Warensegment anbieten, kann eher von einer Warenähnlichkeit auszugehen sein.

8.1.7 Relevante Verkehrskreise

Die relevanten Verkehrskreise sind insbesondere die aktuellen und potenziellen Abnehmer. Ergeben sich bei unterschiedlichen Waren und Dienstleistungen Überschneidungen der jeweiligen Abnehmerkreise, kann von einer Ähnlichkeit der Waren und Dienstleistungen ausgegangen werden. Allerdings darf dabei nicht außer Acht gelassen werden, dass dieselben Abnehmer durchaus Bedarf an unterschiedlichen Waren und Dienstleistungen haben. Die Identität oder die Überschneidung der Abnehmerkreise führt daher nicht automatisch zu einer Waren- oder Dienstleistungsähnlichkeit. Rasenmäher und Kinderwägen können an denselben Abnehmerkreis gerichtet sein, nämlich junge Familienväter, und dennoch handelt es sich nicht um ähnliche Waren.

Allerdings können unterschiedliche Abnehmerkreise als Indiz für unähnliche Waren oder Dienstleistungen interpretiert werden. Richten sich insbesondere erste Waren oder Dienstleistungen an Endverbraucher und zweite Waren oder Dienstleistungen an Geschäftskunden liegen zumeist unähnliche Waren oder Dienstleistungen vor.

8.1.8 Regelmäßige Herkunft der Waren oder Dienstleistungen

Dieselbe regelmäßige Herkunft ist ein starkes Indiz für eine Waren- oder Dienstleistungsähnlichkeit. Dieselbe regelmäßige Herkunft liegt vor, falls es die beteiligten Verkehrskreise gewohnt sind, die unterschiedlichen Waren oder Dienstleistungen von demselben oder wirtschaftlich verbundenen Unternehmen angeboten zu bekommen.

Allerdings darf aus der Tatsache, dass große Mischkonzerne eine erste und eine zweite Ware oder Dienstleistung anbieten, nicht automatisch geschlossen werden, dass die erste Ware oder Dienstleistung ähnlich zur zweiten Ware oder Dienstleistung ist. Ein Beispiel ist der Konzern Procter & Gamble Company, der beispielsweise Waschmittel, Kaffeemaschinen und Babywindeln herstellt und vertreibt. Bei den Waren Waschmittel, Kaffeemaschinen und Babywindeln handelt es sich trotz derselben Herkunft um unähnliche Waren.

8.2 Ähnlichkeit einer Ware mit einer Dienstleistung

Bei der Beurteilung der Ähnlichkeit einer Ware mit einer Dienstleistung gelten grundsätzlich dieselben Grundsätze wie bei dem Vergleich einer ersten Ware mit einer zweiten Ware oder einer ersten Dienstleistung mit einer zweiten Dienstleistung.

Waren und Dienstleistungen sind grundsätzlich unterschiedlich. Waren sind Produkte, deren Verkauf durch eine Eigentumsübertragung erfolgt. Im Gegensatz dazu sind Dienstleistungen unkörperlich und können nicht gelagert werden. Trotz der Unterschiedlichkeit von Ware und Dienstleistung kann eine Ware zu einer Dienstleistung eine ergänzende oder konkurrierende Stellung einnehmen. Die Dienstleistung Pflege und Wartung eines Kopierers kann als eine ergänzende Dienstleistung zur Ware Kopierer aufgefasst werden. Die Dienstleistung Kfz-Leasing kann in Konkurrenz zur Ware Neuwagen stehen.

8.3 Zeichenähnlichkeit

Eine Prüfung auf Zeichenähnlichkeit muss umfassend erfolgen, das bedeutet, dass die Zeichenähnlichkeit in schriftbildlicher, in klanglicher und in begrifflicher Hinsicht vorzunehmen ist. Zur Bejahung einer Zeichenähnlichkeit genügt es, falls in schriftbildlicher, klanglicher oder begrifflicher Hinsicht eine Ähnlichkeit besteht.

Ein deutlicher Unterschied in einer Hinsicht kann dazu führen, dass trotz einer Ähnlichkeit in einer anderen Hinsicht eine Verwechslungsgefahr zu verneinen ist. Ein Beispiel hierfür ist eine Wort-/Bildmarke und eine Wortmarke, wobei ein grafischer Anteil der Wort-/Bildmarke derart dominant ist, dass eine klangliche Ähnlichkeit durch die hohe schriftbildliche Unähnlichkeit überlagert wird. Eine Wort-/Bildmarke kann daher zu einer Wortmarke mit demselben Textbestandteil unähnlich sein.

Andererseits kann eine nur sehr geringe Ähnlichkeit in sowohl schriftbildlicher, klanglicher als auch in begrifflicher Hinsicht, die jeweils für sich zu keiner ausreichenden Ähnlichkeit führen würde, in der Gesamtschau zu einer Verwechslungsgefahr führen.

Bei einer Bewertung der schriftbildlichen und begrifflichen Ähnlichkeit zweier Zeichen ist zu berücksichtigen, ob die beteiligten Verkehrskreise in der Lage sind, die schriftbildlichen und begrifflichen Inhalte der Zeichen richtig wahrzunehmen bzw. es ist bei der Bewertung der Verwechslungsgefahr darauf abzustellen, in welcher Weise schriftbildliche und begriffliche Elemente der Zeichen wahrgenommen werden. Eine Beurteilung der Ähnlichkeit kann nur vor dem Hintergrund des Verständnisses der beteiligten Verkehrskreise erfolgen.

In manchen Situationen sind die Textbestandteile einer Marke gegenüber den Bildbestandteilen besonders hervorzukehren, da die Marken in der überwiegenden Zahl der Fälle nur gesprochen verwendet werden. In diesen Fällen helfen auch starke grafische Anteile allein nicht, um eine Wort-/Bildmarke zu einer Wortmarke mit gleichem Textbestandteil abzugrenzen.

8.3.1 Gesamteindruck

Bei der Beurteilung der Zeichenähnlichkeit ist auf den Gesamteindruck abzustellen. Es darf nicht aufgrund einzelner, isolierter Elemente eine Beurteilung erfolgen. Vielmehr ist auf eine umfassende Bewertung der zu vergleichenden Zeichen zu achten. Hierbei sind insbesondere kennzeichnungskräftige und dominierende Elemente der Zeichen in besonderem Maße herauszukehren.[6]

Die große Bedeutung der kennzeichnungskräftigen und dominierenden Elemente eines Zeichens ist der Tatsache geschuldet, dass der Durchschnittsverbraucher die zu vergleichenden Zeichen nicht nebeneinander studieren kann, sondern zeitlich versetzt, beispielsweise wenige Tage hintereinander. Einem Durchschnittsverbraucher werden die kennzeichnungskräftigen und dominierenden Elemente eher im Gedächtnis haften bleiben, sodass der Durchschnittsverbraucher nur diese prägenden Elemente der Zeichen miteinander vergleichen kann.

---

[6] EuGH, 11.11.1997, C-251/95, Gewerblicher Rechtsschutz und Urheberrecht, 1998, S. 387-390, – Springende Raubkatze.

8.3.2 Bildlicher Vergleich

Die bildliche Darstellung bei einer Wortmarke ist nicht relevant, da die einzelnen Buchstaben einer Wortmarke geschützt sind. Die Schreibweise (Schriftart, Groß- oder Kleinschreibung, Binnengroßschreibung, etc.) oder die Farbgestaltung kann dabei beliebig sein, solange die Schreibweise oder die Farbgestaltung im Rahmen des Verkehrsüblichen liegt.

Die Verwendung derselben Farbe oder derselben Farben bei einer Bildmarke oder Wort-/Bildmarke kann für eine bildliche bzw. schriftbildliche Ähnlichkeit sprechen. Allerdings ist auf den Gesamteindruck abzustellen und allein dieselbe Farbgestaltung kann keine Zeichenähnlichkeit begründen.

8.3.3 Klanglicher Vergleich

Der klangliche Vergleich ist bei Wortmarken im Vergleich zum schriftbildlichen Vergleich vorrangig. Insbesondere kann eine andere Schreibweise dennoch dazu führen, dass die Wortmarken in gleicher Weise ausgesprochen werden. Beispielsweise können einzelne Buchstaben durch andere Buchstaben oder eine Reihenfolge von Buchstaben ersetzt werden, ohne dass sich hierdurch ein Einfluss auf die klangliche Ähnlichkeit ergibt. Die Buchstaben „P" und „B", „K" und „C" werden ähnlich gesprochen. Der Buchstabe „V" kann durch die Buchstabenreihenfolge „VAU" ersetzt werden, ohne dass sich ein klanglicher Unterschied einstellt. Außerdem könnte „EX" durch „ECS" ersetzt werden, ohne das Klangbild zu verändern.

Beispiel

Die beiden Marken „VW" und „Vauweh" klingen identisch. Hier besteht eine klangliche Zeichenidentität, sodass insgesamt von einer Zeichenidentität auszugehen ist. Es ist unbeachtlich, dass die beiden Marken schriftbildlich unähnlich sind. Auch eine begriffliche Ähnlichkeit ist auszuschließen. Es genügt jedoch, dass sich in einer Hinsicht eine Zeichenidentität manifestiert, um von einer gesamten Zeichenidentität beider Marken auszugehen. ◄

Beispiel

Bei den beiden Marken „Porsche" und „Borsche" ist von einer klanglichen Zeichenähnlichkeit auszugehen. ◄

Eine Wortmarke ist in der Weise auszusprechen, wie dies von den beteiligten Verkehrskreisen praktiziert wird. Ist eine Wortmarke in einer nicht geläufigen Sprache geschrieben, so ist die Wortmarke in der klanglichen Variante zu vergleichen, wie dies die beteiligten Verkehrskreise handhaben würden. Ist davon auszugehen, dass die beteiligten

Verkehrskreise auf mehrere Weisen eine Wortmarke in einer ausländischen Sprache aussprechen würden, so ist für alle Varianten ein klanglicher Vergleich vorzunehmen.

Aufgrund hoher schriftbildlicher oder begrifflicher Unterschiede kann trotz einer klanglichen Ähnlichkeit zweier Marken eine Verwechslungsgefahr zu verneinen sein.

Ein klanglicher Vergleich ist bei zwei Bildmarken ausgeschlossen. Ausnahmsweise kann ein klanglicher Vergleich möglich sein, falls die grafischen Bestandteile direkt und unmittelbar eine Bedeutung nahelegen und diese ausgesprochen werden kann. Dies kann insbesondere relevant sein, falls eine entsprechende Bedeutung durch eine intensive Werbung nahegelegt wird.

8.3.4 Begrifflicher Vergleich

Die begriffliche Ähnlichkeit wird auch als assoziative Ähnlichkeit bezeichnet. Die Marken sind in begrifflicher Hinsicht zu prüfen, das bedeutet, dass zu prüfen ist, ob die jeweiligen Sinngehalte der Marken zu einer Verwechslungsgefahr führen können. Eine begriffliche Ähnlichkeit liegt daher vor, falls die beiden Marken gedanklich in Verbindung gebracht werden.

Beispiel

Eine Wortmarke „BlueHouse" kann mit einer Bildmarke verwechselbar sein, die ein blau angestrichenes Haus darstellt. ◄

Eine begriffliche Ähnlichkeit kann sich insbesondere zwischen einer Wortmarke und einer Bildmarke bzw. zwischen einer Wortmarke und den grafischen Elementen einer Wort-/Bildmarke ergeben. Hierbei ist es nicht erforderlich, dass die Begriffsinhalte der Marken von allen Mitgliedern der beteiligten Verkehrskreise erfasst werden. Es ist ausreichend, falls eine Mehrheit des relevanten Publikums die Begriffsinhalte in der Weise interpretieren, dass von einer begrifflichen Ähnlichkeit auszugehen ist.

Bestehen die Marken aus mehreren Elementen, ist es nicht ausreichend, falls nur einzelne Bestandteile eine begriffliche Ähnlichkeit zwischen den Marken begründen. In diesem Fall ist eine Bewertung der Wertigkeit der einzelnen Elemente für die jeweilige Marke vorzunehmen, um die Bedeutung einer begrifflichen Ähnlichkeit einzelner Elemente einordnen zu können. Hierbei sollte berücksichtigt werden, dass die beteiligten Verkehrskreise keine analytische Herangehensweise an den Tag legen, sondern sich zumeist nach den prägenden Elementen richten. Dies gilt umso mehr, da kein direkter Markenvergleich möglich ist, sondern die Marken zeitlich aufeinanderfolgend wahrgenommen werden. Ein analytischer Vergleich der Marken ist daher in aller Regel ausgeschlossen.

Begriffliche Sinngehalte sind vor dem Hintergrund der Marke und der Waren und Dienstleistungen, für die die Marke eingetragen wurde, zu bewerten. Sind die Begriffsinhalte nahe an den Waren und Dienstleistungen der Marke kann ihnen keine große

Bedeutung zugeordnet werden. Begriffsinhalte, die mit den Waren und Dienstleistungen in keine Verbindung gesetzt werden können, nehmen eine höhere Bedeutung ein.

8.3.5   Zeichenlänge

Bei Wortmarken spielt die Länge der Zeichen auf die visuelle Wahrnehmung eine große Bedeutung. Sind die zu vergleichenden Zeichen sehr unterschiedlich lang, spricht das gegen eine Zeichenähnlichkeit.

Bei kurzen Zeichen werden die einzelnen Buchstaben einer Wortmarke genauer aufgenommen. Bereits kleine Abweichungen bei kurzen Zeichen ergeben einen anderen Gesamteindruck der Zeichen und führen zu einer Verneinung der Verwechslungsgefahr.

8.3.6   Wortanfang und Wortende

Der Wortanfang eines Zeichens bestimmt eher den Gesamteindruck des Zeichens als dessen Wortende. Das Wortende ist höher zu werten als das Wortmitte. Eine grundsätzliche Regel ist daher, dass der Wortanfang der wichtigste Teil eines Zeichens ist und daher in besonderem Maße bei der Bewertung der Zeichenähnlichkeit zu würdigen ist. Allerdings kann von diesem Grundsatz abgewichen werden, falls beispielsweise die Wortmitte phantasievoll ist und der Wortanfang und das Wortende eher beschreibend für die Waren und Dienstleistungen sind, für die die Marke eingetragen ist.

Unterschiedliche Endungen von zwei zu vergleichenden Zeichen reichen in aller Regel nicht aus, um eine Zeichenähnlichkeit auszuschließen. Außerdem kann im Einzelfall trotz unterschiedlicher Wortanfänge eine Zeichenähnlichkeit zu bejahen sein.

8.3.7   Vokalfolgen

Vokale sind wichtiger als Konsonanten. Vokale sind sogenannte Selbstlaute, also a, e, i, o und u. Alle anderen Buchstaben werden als Konsonanten bezeichnet. Weisen zwei Marken dieselbe Folge von Vokalen auf, mit unterschiedlichen dazwischen angeordneten Konsonanten, kann eine Zeichenähnlichkeit vorliegen.

Beispiel

bei der Wortmarke „Pasqale" ist die Vokalfolge „a-a-e". Eine Marke mit einer gleichen Vokalfolge kann zu einer Ähnlichkeit der Marken führen. Beispielsweise ergibt sich mit der Marke „Patmate", die dieselbe Vokalfolge hat, wobei sämtliche Konsonanten unterschiedlich sind, eher eine Zeichenähnlichkeit als mit der Marke „Pisqeli", deren Konsonantenfolge identisch ist, die aber andere Vokale aufweist. ◄

8.3.8 Silbenfolge

Eine Silbe ist eine Einheit aus aufeinanderfolgenden Lauten, die sich in einem Zug aussprechen lassen. Eine Silbe stellt daher eine Sprecheinheit dar. Bei dem klanglichen Vergleich zweier Zeichen ist die Anzahl und Folge der Silben für den klanglichen Gesamteindruck von großer Bedeutung. Aus einer identischen Silbenfolge zweier Zeichen ergibt sich mit hoher Wahrscheinlichkeit eine klangliche Ähnlichkeit der Zeichen.

Eine ähnliche Silbenanzahl zweier Marken kann ebenfalls zu einer Zeichenähnlichkeit führen. Weisen die zu vergleichenden Zeichen jeweils eine stark unterschiedliche Silbenanzahl auf, ist nicht von einer klanglichen Ähnlichkeit auszugehen.

Eine grundsätzliche Regel ist daher, dass ein Zeichen mit einer sehr kleinen Silbenanzahl und ein Zeichen mit einer hohen Silbenanzahl eher nicht ähnlich sind. Allerdings muss hierbei berücksichtigt werden, ob eventuell Anteile der langen Marke unberücksichtigt bleiben müssen, da diese beispielsweise glatt beschreibend sind.

Beispiel

Die beiden Marken „Mit Pasquale-Software Technik neu erleben" und „Pasquale" jeweils für Software und Computer weisen eine sehr unterschiedliche Silbenanzahl auf. Allerdings ist bei der Slogan-Marke nur der Bestandteil „Pasquale" prägend. Die restlichen Bestandteile sind für die Waren Software und Computer beschreibend und daher unbeachtlich. Die beiden Marken weisen daher trotz unterschiedlicher Silbenanzahl Zeichenähnlichkeit auf. ◄

Eine reine Silbenvertauschung kann nicht eine Zeichenähnlichkeit ausschließen.

Beispiel

Die Best Software GmbH lässt sich die Marke „Pre-Care" für Software eintragen. Die Bad Software GmbH vertreibt drei Monate später Computer mit der Marke „Care-P.R.E". Die Best Software GmbH kann der Bad Software GmbH die Benutzung der Marke „Care-P.R.E" wegen Verwechslungsgefahr mit ihrer Marke verbieten. ◄

Eine Silbenvertauschung kann allerdings zu einer Unähnlichkeit zweier Zeichen führen, falls es sich um eine ungewöhnliche Silbenanordnung bzw. jeweils um Phantasiebegriffe handelt.

Beispiel

Die Best Software GmbH nennt ihre Software „Aronamics". Die Bad Software GmbH benutzt eine Marke „Icsaronam", wobei die Bad Software GmbH bei der Marke der Best Software GmbH die letzte Silbe an den Anfang gesetzt hat. Die Marken „Aronamics" und „Icsaronam" sind trotz einer einfachen Silbenvertauschung unähnlich. ◄

8.3.9 3-Buchstaben-Marken

In der Regel reicht bei sehr kurzen Marken, insbesondere Marken mit nur drei Buchstaben, die Abweichung von nur einem Buchstaben, um eine Zeichenähnlichkeit zu verneinen. Derartige 3-Buchstaben-Marken sind insbesondere Akronyme. Akronyme sind Worte, deren Buchstaben die Anfangsbestandteile mehrerer Worte sind.

Beispiel

Die beiden Marken „Mer" und „Uer" weisen keine Zeichenähnlichkeit auf. Bei den Marken „Mer" und „Ner" ist die Situation gegenteilig zu werten. ◄

8.4 Mehrgliedrige Wortmarken

Bei einer mehrgliedrigen Wortmarke ist zunächst zu beurteilen, ob sämtliche Bestandteile zum bestimmenden Charakter der Marke beitragen.[7] Beschreibende Anteile einer Wortmarke können nicht als prägend angesehen werden und werden bei der Bewertung der Zeichenähnlichkeit außer Acht gelassen. Sind die prägenden Bestandteile zweier Zeichen identisch oder ähnlich ist von einer Zeichenähnlichkeit auszugehen.

8.5 Kennzeichnungskraft der älteren Marke

Die Patentämter unterscheiden zwischen „starken" und „schwachen" Marken. Einer „schwachen" Marke wird von Haus aus eine geringe Kennzeichnungskraft zuerkannt. Einer Marke, deren Kennzeichnungskraft von Haus nicht schwach ist, die sich aber nicht durch eine Bekanntheit in den relevanten Verkehrskreisen auszeichnet, wird eine durchschnittliche Kennzeichnungskraft zuerkannt.

Durch eine Bekanntheit in den beteiligten Verkehrskreisen kann eine „starke" Marke entstehen. Eine „starke" Marke kann auch aus einer „schwachen" Marke entstehen, also einer Marke, die beispielsweise als wenig phantasievoll oder im beschränkten Maße für die Waren und Dienstleistungen, für die die Marke eingetragen ist, beschreibend ist. Außerdem gibt es die notorisch bekannten Marken bzw. die berühmten Marken, die jedermann bekannt sind. Je stärker die Kennzeichnungskraft der Marke ist, umso größer ist der Schutzumfang, der der Marke zuerkannt wird. Bei einer „starken" Marke ist daher im Vergleich zu einer „schwachen" oder „durchschnittlichen" Marke tendenziell eher von einer Verwechslungsgefahr auszugehen.

---

[7] EuGH, 6.10.2005, C-120/04, Gewerblicher Rechtsschutz und Urheberrecht, 2005, S. 1042 – Thomson Life.

Weist eine ältere Marke einen hohen Phantasiegehalt auf und wurde die Marke umfangreich benutzt, wird ihr ein großer Schutzumfang zugebilligt, Das bedeutet, dass in diesem Fall tendenziell eher von einer Zeichenähnlichkeit auszugehen ist.

Beispiel

Einer Marke „Pasquale" oder „Aronautics" für Software wird ein größerer Schutzumfang zugebilligt als einer Marke „BestSoft" für Software. ◄

Liegen keine besonderen Umstände vor, wird bei einer älteren Marke von einer durchschnittlichen Bekanntheit ausgegangen. Handelt es sich bei der älteren Marke um eine berühmte Marke wird von einem großen Schutzbereich ausgegangen, wodurch tendenziell eher von einer Verwechslungsgefahr auszugehen ist. Eine berühmte Marke strahlt insbesondere auf andere Klassen aus.

Beispiel

Die Marke „Davidoff" für Zigarren ist derart bekannt, dass auch bei unähnlichen Waren, beispielsweise Gürtel, von einer Verwechslungsgefahr auszugehen ist, falls Zeichenähnlichkeit vorliegt.[8] ◄

Andererseits kann eine ältere Marke eine sehr kleine Kennzeichnungskraft aufweisen, falls die Marke für die Waren und Dienstleistungen beschreibend ist.

8.6 Wechselwirkung Zeichenähnlichkeit und Warenähnlichkeit

Eine geringe Zeichenähnlichkeit kann durch eine hohe Ähnlichkeit der Waren und Dienstleistungen kompensiert werden, sodass dennoch von einer Verwechslungsgefahr auszugehen ist. Dasselbe gilt für eine geringe Ähnlichkeit der Waren und Dienstleistungen und einer hohen Zeichenähnlichkeit. Besteht andererseits keine Zeichenähnlichkeit oder keine Ähnlichkeit von Waren und Dienstleistungen ist eine Verwechslungsgefahr ausgeschlossen.

8.7 Beteiligte Verkehrskreise

Marken, die sich an sehr aufmerksame Verkehrskreise richten, müssen eine höhere Ähnlichkeit der Zeichen und Waren aufweisen, um von einer Verwechslungsgefahr auszugehen.

---

[8] EuGH, 9.1.2003, C-292/00, Gewerblicher Rechtsschutz und Urheberrecht, 2003, S. 240 – Davidoff.

Beispiel

Bei Medikamenten achten die Verkehrskreise ganz genau auf Unterschiede. Zwei Marken müssen daher für die Waren Medikamente eine sehr hohe Ähnlichkeit aufweisen, um eine Verwechslungsgefahr zu begründen. Sind die Verkehrskreise Geschäftsleute und nicht Verbraucher ist ebenfalls von aufmerksamen Verkehrskreisen auszugehen. Ein Gegenbeispiel sind Tiefkühlpizzen im Supermarkt für Verbraucher. In diesem Fall handelt es sich eher nicht um kritische Verkehrskreise. ◄

Bei den beteiligten Verkehrskreisen ist zunächst von durchschnittlich informierten, aufmerksamen und verständigen Durchschnittsverbrauchern auszugehen. Handelt es sich bei den beteiligten Verkehrskreisen um geschäftliche Kunden ist die Bewertung der Verwechslungsgefahr vor dem Hintergrund von durchschnittlich informierten, aufmerksamen und verständigen Geschäftskunden durchzuführen.

Die Aufmerksamkeit der Verkehrskreise ist bei Waren und Dienstleistungen des täglichen Bedarfs geringer anzunehmen im Vergleich zu der Aufmerksamkeit die technischen oder sehr speziellen Waren und Dienstleistungen, beispielsweise Medikamenten oder Sondermaschinen, gewidmet wird.

Weisen die beteiligten Verkehrskreise typischerweise ein professionelles Wissen auf, wird ein überdurchschnittlicher Grad der Kenntnisse der Durchschnittsverbraucher bzw. der Durchschnittsgeschäftskunden angenommen.

Bei teuren oder seltenen Waren ist von Durchschnittsverbrauchern mit sehr hohem Aufmerksamkeitsgrad auszugehen. Beispiele für teure Waren sind Autos und Eigentumswohnungen. Der Erwerb von Lebensversicherungen kann als selten eingestuft werden.

Bei einem riskanten Erwerb von Waren kann ebenfalls von einer überdurchschnittlichen Aufmerksamkeit ausgegangen werden. Ein Beispiel hierfür ist der Erwerb eines verschreibungspflichtigen Medikaments.

8.8 Berühmte Marken

Es gibt einzelne berühmte Marken, bei denen eine vereinfachte Prüfung auf Verwechslungsgefahr vorzunehmen ist, da die Berühmtheit der Marke derart stark ist, dass die Bekanntheit auf alle Klassen ausstrahlt. Bei einer im Inland berühmten Marke ist es daher nicht erforderlich, eine Prüfung der Ähnlichkeit der Waren und Dienstleistungen durchzuführen. Für eine Verwechslungsgefahr genügt eine Zeichenähnlichkeit.[9] Ein Beispiel für eine derartige berühmte Marke ist der Schriftzug „Coca-Cola" der Coca-Cola Company.

---

[9] § 14 Absatz 2 Nr. 3 Markengesetz.

Recherche

Eine Recherche nach älteren Markenrechten kann mit Hilfe der Datenbanken der Patentämter durchgeführt werden. Die Benutzung der Datenbanken ist kostenlos. Die Datenbanken sind in aller Regel online verfügbar.

9.1 Wiener-Klassifikation

Die Wiener-Klassifikation dient dazu, Bildmarken und Bildbestandteile von Wort-/Bildmarken recherchierbar zu machen. Hierzu wurde ein hierarchisch aufgebautes System, das sich vom Allgemeinen zum Speziellen verästelt, entwickelt. Die Abfolge der Verzweigungen für ein konkretes Bild wird durch eine sogenannte Notation abgebildet. Eine Notation ist eine Abfolge von Zahlen. Mit dieser Notation können Bildmarken oder Bildbestandteile von Wort-/Bildmarken auf Ähnlichkeit geprüft werden.

Beispiele der Notation nach der Wiener Klassifikation:[1]

- „Käse in runder Form" ist der Kategorie 8 (Nahrungsmittel) zugeordnet und hat die Notation 8.3.9
- „Hosen" sind der Kategorie 9 (Textilien, Kleidung, Nähutensilien, Kopfbedeckungen, Schuhwerk) zugeordnet und haben die Notation 9.3.3
- „Uhren" sind der Kategorie 17 (Uhren, Schmuck, Maße und Gewichte) zugeordnet und haben die Notation 17.1.1

---

[1] DPMA, „https://www.dpma.de/docs/marken/markenwienerklassifikation_8-2018.pdf", abgerufen am 11. Juni 2021.

© Der/die Autor(en), exklusiv lizenziert durch Springer-Verlag GmbH, DE, ein Teil von Springer Nature 2021
T. H. Meitinger, *Ohne Anwalt zur Marke*, https://doi.org/10.1007/978-3-662-64159-0_9

Abb. 9.1 Recherche mit Notation nach Wiener Klassifikation (DPMA)

Die Abb. 9.1 zeigt die Suchmaske des DPMARegister[2] in die unter „Bildklasse(n) (Wien)" bis zu drei Notationen eingegeben werden können.

9.2 Register des deutschen Patentamts

Das Register des deutschen Patentamts steht jedermann für Recherchen zur Verfügung (siehe Abb. 9.2).[3]

In der Eingabemaske des deutschen Patentamts kann die Marke, die Markenform (insbesondere Wortmarke, Wort-/Bildmarke oder Bildmarke) und die Nizza-Klassen (maximal drei Klassen) eingegeben werden. Außerdem können die Waren und Dienstleistungen angegeben werden. In der Eingabemaske kann außerdem die Wiener-Klasse eingetragen werden, um nach Bildelementen von Wort-/Bildmarken bzw. Bildmarken zu recherchieren.

Ein Nachteil der Recherche im Register des deutschen Patentamts ist, dass nicht nach ähnlichen Marken recherchiert werden kann. Es ist natürlich möglich, die Eingaben zu trunkieren, um nach ähnlichen Marken zu suchen. Allerdings ergibt sich dabei ein hoher Unsicherheitsfaktor.

---

[2] DPMA, „https://register.dpma.de/DPMAregister/marke/basis", abgerufen am 11. Juni 2021.

[3] DPMA, „https://register.dpma.de/DPMAregister/marke/basis", abgerufen am 16. Juni 2021.

Marken

Basisrecherche

Für weitere Informationen nutzen Sie die Hilfe zur Basisrecherche.

Informationen zu Klassifikationen finden Sie unter: ↗ international harmonisierte Klassifikation für Waren und Dienstleistungsbegriffe, ↗ Wiener-Bildklassifikation (PDF)

Recherche formulieren

Datenbestand: ☑ nationale Marken ☑ Unionsmarken ☑ internationale Marken ?

Marke: [z.B. DPMAregister] ?

Aktenzeichen/Registernummer: [z.B. 30705082] ?

Beginn Widerspruchsfrist: [z.B. 17.05.2013] ?

Markenform: [Alle Markenformen ▾] ?

Anmelder/Inhaber: [z.B. Bundesrepublik Deutschland] ?

Klasse(n) Nizza: [z.B. 9] oder [ ] oder [ ] ?

Bildklasse(n) (Wien): [z.B. 26.13.01] und [ ] und [ ] ?

Waren/Dienstleistungen: [z.B. Software] ?

angemeldete und eingetragene Marken: ☐ ?

Trefferlistenkonfiguration ausblenden

☑ Datenbestand   ☑ Aktenzeichen/Registernummer   ☐ Bestandsart   ☑ Markendarstellung

☑ Aktenzustand   ☐ Anmeldetag   ☐ Eintragungstag   ☐ Beginn Widerspruchsfrist

Trefferlistensortierung nach [Aktenzeichen/Registernummer ▾] [aufsteigend ▾]

Treffer/Seite [25 ▾]   Maximale Trefferzahl [1000 ▾]

[Recherche starten] [Anfrage löschen]

Abb. 9.2 Basisrecherche (DPMA)

9.3 TMview des EUIPO

Mit der Datenbank TMview[4] kann nach ähnlichen Marken recherchiert werden (siehe Abb. 9.3).[5]

Diese Datenbank wird von der EUIPO[6] betrieben. Bei der Anwendung der Online-Datenbank des EUIPO sollte unbedingt eine Beschränkung der Waren und Dienst-

---

[4] TMView: TM für Trademark und View für ansehen.

[5] EUIPO, „https://www.tmdn.org/tmview/#/tmview", abgerufen am 2. Juni 2021.

[6] EUIPO ist die Abkürzung für European Union Intellectual Property Office (Amt der Europäischen Union für geistiges Eigentum) mit Sitz in Alicante (Spanien), bis 23. März 2016: Harmonisierungs-amt für den Binnenmarkt (Marken, Muster und Modelle).

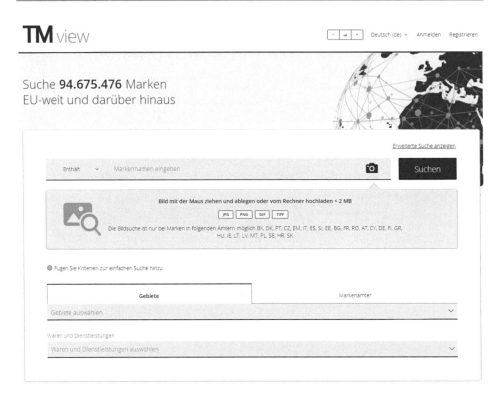

Abb. 9.3 TMview (EUIPO)

leistungen erfolgen, insbesondere durch Angabe der relevanten Nizza-Klassen.
Ansonsten können sich sehr viele irrelevante Suchergebnisse ergeben.

Der Vorteil der Datenbank des EUIPO ist, dass nach zahlreichen Ländern recherchiert
werden kann. Nach einem wichtigen Land kann in der Datenbank des EUIPO nicht
recherchiert werden, und zwar nicht nach schweizerischen Marken.

Erfreulicherweise kann mit der Datenbank TMview eine Ähnlichkeitsrecherche
durchgeführt werden, ohne dass ein Trunkieren erforderlich ist. Es werden daher mit
hoher Gewähr sämtliche Marken angezeigt, die mit der Eingabe-Marke zu einer Verwechslungsgefahr führen können.

9.4   Global Brand Database der WIPO

Die Global Brand Database ist die Online-Datenbank der WIPO.[7]

---

[7]WIPO, „https://www3.wipo.int/branddb/en/", abgerufen am 2. Juni 2021.

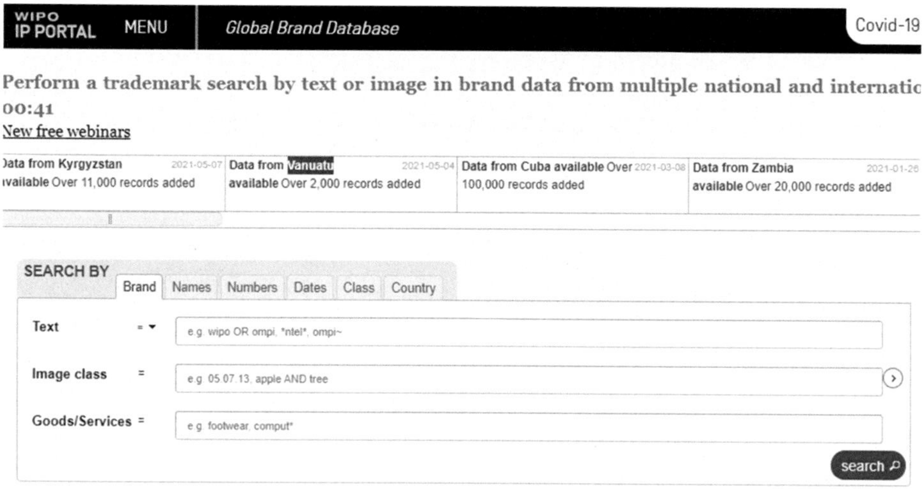

Abb. 9.4 Global Brand Database (WIPO)

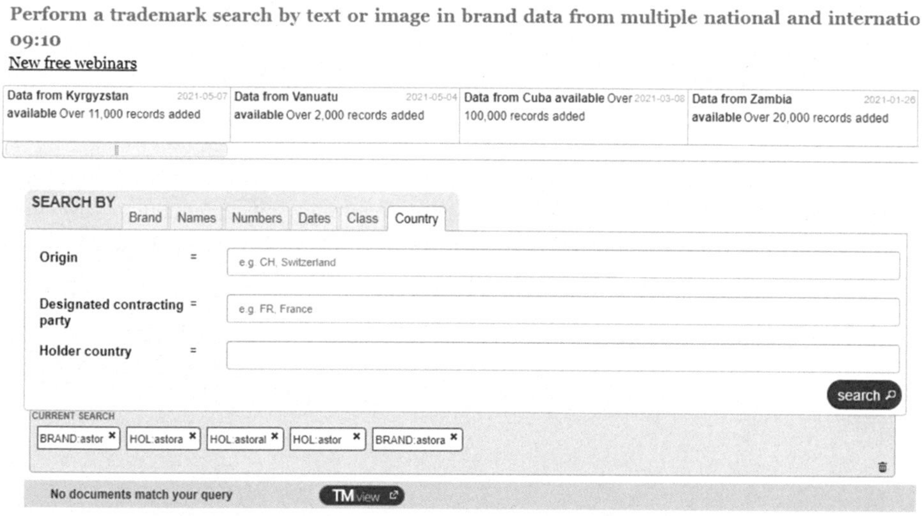

Abb. 9.5 Global Brand Database – Names – (WIPO)

Die Eingabemaske der WIPO ist nicht in Deutsch verfügbar. Die Eingabemaske weist die Reiter Brand, Names, Numbers, Dates, Class und Country auf. Unter „Brand" kann in das Feld „Text" die Wortmarke oder der Textbestandteil einer Wort-/Bildmarke eingetragen werden. Außerdem kann die Wiener-Klasse (Image class) eingegeben werden, um nach den Bildbestandteilen von Wort-/Bildmarken oder nach Bildmarken zu recherchieren (siehe Abb. 9.4).

Unter dem Reiter „Names" kann der Anmelder (Holder) in die Eingabemaske eingetragen werden. Der große Vorteil der WIPO-Datenbank ist, dass unter dem Reiter „Country" auch Schweiz eingetragen werden kann. Es kann daher auch nach Schweizer Marken recherchiert werden (siehe Abb. 9.5).

9.5   Google Alert

Mit Google Alert kann eine Überwachung von Benutzungsmarken durchgeführt werden. Google Alert kann unter dem Link „https://www.google.de/alerts" eingerichtet werden.

9.6   Deutsche Marke versus Unionsmarke

Gegen eine deutsche Marke kann mit einer älteren deutschen Marke, einer Unionsmarke und mit einer internationalen Registrierung mit Benennung Deutschland oder EM[8] ein Widerspruch eingelegt werden, ein Nichtigkeitsverfahren vor dem Patentamt oder ein Löschungsklageverfahren vor einem ordentlichen Gericht geführt werden. Also ist nach diesen älteren Rechten zu recherchieren, falls eine deutsche Marke angemeldet werden soll.

Eine Unionsmarke kann mit einer Unionsmarke, einer nationalen Marke eines EU-Mitgliedsstaats oder einer internationalen Registrierung mit Benennung EM oder Benennung eines EU-Mitgliedsstaats angegriffen werden. Bei einer Unionsmarkenanmeldung ist daher nach allen Ländern der EU und entsprechenden internationalen Registrierungen zu recherchieren.

---

[8]EM ist die Abkürzung bei einer internationalen Registrierung für eine Unionsmarke.

Deutsche Marke

10

Mit einer eingetragenen deutschen Marke wird Markenschutz innerhalb des Hoheitsgebiets Deutschlands erworben. Voraussetzung ist die Aufnahme der Marke in das Markenregister des deutschen Patentamts. Das deutsche Patentamt prüft vor der Eintragung die sogenannten absoluten Eintragungshindernisse[1]. Das Patentamt prüft nicht, ob die Marke für eine ältere Marke eine Verwechslungsgefahr darstellt.[2]

10.1 Fristen einer deutschen Marke

Durch die Einreichung der Anmeldeunterlagen beginnen die Fristen für die Marke zu laufen. Beispielsweise ist innerhalb von drei Monaten nach dem Anmeldetag die Anmeldegebühr für die Markenanmeldung zu entrichten. In der Tab. 10.1 werden die Fristen für einen Anmeldetag 10. Juli 2021 exemplarisch berechnet.

Eine Marke kann beliebig oft um jeweils 10 Jahre verlängert werden. Die Verlängerungsgebühr beträgt inklusive für drei Klassen 750 €.

Die Tab. 10.2 zeigt exemplarisch die Fristen zur Zahlung der Verlängerungsgebühren bei einem Anmeldetag 10. Juli 2021. Die Verlängerungsgebühren sind sechs Monate vor Ablauf der jeweiligen Schutzfrist fällig und können bis zum Ende der Schutzdauer ohne Zuschlag bezahlt werden.

---

[1] Siehe Kap. 7: Eintragungshindernisse.
[2] Siehe Kap. 8: Verwechslungsgefahr.

© Der/die Autor(en), exklusiv lizenziert durch Springer-Verlag GmbH, DE, ein Teil von
Springer Nature 2021
T. H. Meitinger, *Ohne Anwalt zur Marke,* https://doi.org/10.1007/978-3-662-64159-0_10

Tab. 10.1   Fristen einer deutschen Marke

Fristen einer deutschen Marke	
Anmeldetag	10. Juli 2021
Zahlung der Anmeldegebühr (innerhalb von 3 Monaten nach Anmeldetag)	10. Oktober 2021
Prioritätsfrist (6 Monate nach Anmeldetag)	10. Januar 2022
Nichtbenutzungsschonfrist (5 Jahre nach Eintragung oder nach Ende eines Widerspruchsverfahrens)	nach dem 10. Juli 2026

Tab. 10.2   Fristen zur Zahlung der Verlängerungsgebühren

Fristen der Verlängerungsgebühren		
1	Verlängerungsgebühr	10. Januar 2031
2	Verlängerungsgebühr	10. Januar 2041
3	Verlängerungsgebühr	10. Januar 2051
4	Verlängerungsgebühr	10. Januar 2061
5	Verlängerungsgebühr	10. Januar 2071
6	Verlängerungsgebühr	10. Januar 2081
7	Verlängerungsgebühr	10. Januar 2091
8	Verlängerungsgebühr	10. Januar 2101

Abb. 10.1   Gebühren einer deutschen Marke (Stand vom Oktober 2021)

Gebühren einer deutschen Marke

- Grundgebühr Anmeldung einer Marke
  - in Papierform (inklusive 3 Klassen)   300 Euro
  - elektronisch (inklusive 3 Klassen)   290 Euro
- jede zusätzliche Klasse   100 Euro

10.2   Gebühren einer deutschen Marke

Das Anmelden einer deutschen Marke per Post kostet 300 €. In diesem Betrag sind drei Klassen mitumfasst.

Wird die Marke elektronisch an das Patentamt versendet, kostet die Markenanmeldung 290 €. In diesem Betrag sind drei Klassen inklusive. Jede weitere Klasse kostet zusätzliche 100 € (siehe Abb. 10.1). Die aktuellen Gebühren können dem Kostenmerkblatt des deutschen Patentamts unter dem Link „https://www.dpma.de/docs/formulare/allgemein/a9510.pdf" entnommen werden. Eine Online-Anmeldung ist über das Web-Portal DPMAdirektWeb[3] möglich.

---

[3] DPMA, „https://direkt.dpma.de/marke/", abgerufen am 21. Juni 2021.

10.3 Priorität

Eine deutsche Marke kann die Priorität einer ausländischen Marke in Anspruch nehmen. Durch die wirksame Inanspruchnahme wird der deutschen Marke der frühe Zeitrang der ausländischen Marke zugeordnet. Voraussetzung ist, dass die deutsche Marke innerhalb von sechs Monaten nach dem Anmeldetag der ausländischen Marke beim deutschen Patentamt eingereicht wird.[4]

Es kann nur eine Priorität einer ausländischen Marke in Anspruch genommen werden, deren Markendarstellung und Waren und Dienstleistungen identisch zur deutschen Marke ist. Die Priorität einer früheren deutschen Marke kann von einer deutschen Markenanmeldung nicht in Anspruch genommen werden.[5]

10.4 Recherche nach älteren Rechten

Gegen eine deutsche Marke können nur auf Basis älterer deutscher Marken, Unionsmarken und internationale Registrierungen mit Benennung Deutschlands und EM[6] ein Widerspruch, ein Löschungsverfahren vor dem deutschen Patentamt oder eine Löschungsklage vor einem ordentlichen Gericht geführt werden. Bei der Recherche nach älteren Rechten ist daher nur nach deutschen Marken, Unionsmarken und internationalen Registrierungen mit Benennung Deutschland und EM zu recherchieren. Bei den internationalen Registrierungen sollte nicht außer Acht gelassen werden, dass eine Nachbenennung Deutschlands oder EM vorgenommen werden kann.

10.5 Rücknahme und Verzicht

Der Markeninhaber kann seine Marke komplett zurücknehmen oder auf einzelne Waren und Dienstleistungen seiner Marke verzichten.[7] Diese Möglichkeit der Rücknahme oder des teilweisen Verzichts auf die Marke kann vorteilhaft sein, wenn der Inhaber einer älteren Marke einen Unterlassungsanspruch gegenüber dem Markeninhaber geltend macht. Durch den Verzicht auf einzelne Waren und Dienstleistungen kann eventuell die

---

[4]Artikel 4 C Absatz 1 PVÜ (Pariser Verbandsübereinkunft zum Schutz des gewerblichen Eigentums).

[5]Im Patentrecht ist eine „innere" Priorität möglich. Hierbei kann eine deutsche Patentanmeldung die Priorität einer früheren deutschen Patentanmeldung in Anspruch nehmen (§ 40 Absatz 1 Patentgesetz). Im Markenrecht gibt es keine innere Priorität.

[6]EM ist die Abkürzung bei einer internationalen Registrierung für eine Unionsmarke.

[7]§ 39 Absatz 1 Markengesetz bzw. § 48 Absatz 1 Markengesetz.

Verwechslungsgefahr ausgeräumt werden oder zumindest der Inhaber der älteren Marke dazu bewegt werden, eine Koexistenz der beiden Marken zu akzeptieren.

Durch die Rücknahme einer Marke kann ein Widerspruch oder ein Löschungsverfahren gegen diese Marke beendet werden. Die Rücknahme ist jederzeit möglich und benötigt keine Zustimmung der gegnerischen Partei. Eine einmal vorgenommene Rücknahme oder ein Verzicht kann nicht widerrufen werden.[8]

---

[8] BGH, 14.3.1985, X ZB 13/83, Gewerblicher Rechtsschutz und Urheberrecht, 1985, S. 919 – Caprolactam; BGH, 7.12.1976, X ZB 24/75, Gewerblicher Rechtsschutz und Urheberrecht, 1977, S. 485 – Rücknahme der Patentanmeldung.

Unionsmarke

11

Eine europäische Marke wird Unionsmarke genannt.[1] Eine Unionsmarke entfaltet Schutz für alle Mitgliedsstaaten der EU. Die EU hat derzeit 27 Mitgliedsstaaten (siehe Tab. 11.1).[2]

11.1 Fristen einer Unionsmarke

In der nachfolgenden Tab. 11.2 werden beispielhaft die Fristen einer Unionsmarke bei einem Anmeldetag 16. Juni 2021 angegeben. Die Anmeldegebühr ist bis spätestens einen Monat nach dem Anmeldetag zu entrichten. Die sogenannte Nichtbenutzungsschonfrist endet fünf Jahre nach der Eintragung der Marke in das Register der EUIPO.

In der nachfolgenden Tab. 11.3 werden die Zeitpunkte der Fälligkeit zur Bezahlung der Jahresgebühren exemplarisch bei einem Anmeldetag 16. Juni 2021 angegeben. Die Verlängerungsgebühren können ab diesen jeweiligen Zeitpunkten bis zum Ende der Schutzdauer zuschlagsfrei entrichtet werden.

---

[1] Bis März 2016 wurde eine europäische Marke als Gemeinschaftsmarke bezeichnet.

[2] Bis 2020 war Großbritannien ein Mitgliedsstaat der EU und eine Unionsmarke entfaltete daher auch in diesem Land seine Schutzwirkung.

© Der/die Autor(en), exklusiv lizenziert durch Springer-Verlag GmbH, DE, ein Teil von Springer Nature 2021
T. H. Meitinger, *Ohne Anwalt zur Marke,* https://doi.org/10.1007/978-3-662-64159-0_11

Tab. 11.1 Markenschutz durch Unionsmarke

Mitgliedsstaaten der Europäischen Union (EU)	
Belgien	Malta
Bulgarien	Die Niederlande
Dänemark	Österreich
Deutschland	Polen
Estland	Portugal
Finnland	Rumänien
Frankreich	Schweden
Griechenland	Die Slowakei
Irland	Slowenien
Italien	Spanien
Kroatien	Die Tschechische Republik
Lettland	Ungarn
Litauen	Zypern
Luxemburg	

Tab. 11.2 Fristen einer Unionsmarke

Fristen einer Unionsmarke	
Anmeldetag	16. Juni 2021
Zahlung der Anmeldegebühr (innerhalb eines Monats nach Anmeldetag)	16. Juli 2021
Prioritätsfrist (6 Monate nach Anmeldetag)	16. Dezember 2021
Nichtbenutzungsschonfrist (5 Jahre nach Eintragung)	nach dem 16. Juni 2026

11.2 Gebühren einer Unionsmarke

Die amtliche Anmeldegebühr kostet 850 €. Es ist nur eine Klasse inklusive. Eine zweite Klasse kostet 50 €. Jede weitere Klasse kostet zusätzlich 150 € (siehe Abb. 11.1).

Eine Unionsmarke ist ungefähr dreimal so teuer wie eine deutsche Marke. Stellt man in Rechnung, dass mit einer Unionsmarke in 27 Ländern Markenschutz erworben werden kann, erscheinen die Gebühren einer Unionsmarke angemessen.

Tab. 11.3 Fristen der Verlängerungsgebühren einer Unionsmarke

Fristen der Verlängerungsgebühren		
1	Verlängerungsgebühr (6 Monate vor Ende der 10-Jahresfrist)	16. Dezember 2030
2	Verlängerungsgebühr (6 Monate vor Ende der 10-Jahresfrist)	16. Dezember 2040
3	Verlängerungsgebühr (6 Monate vor Ende der 10-Jahresfrist)	16. Dezember 2050
4	Verlängerungsgebühr (6 Monate vor Ende der 10-Jahresfrist)	16. Dezember 2060
5	Verlängerungsgebühr (6 Monate vor Ende der 10-Jahresfrist)	16. Dezember 2070
6	Verlängerungsgebühr (6 Monate vor Ende der 10-Jahresfrist)	16. Dezember 2080
7	Verlängerungsgebühr (6 Monate vor Ende der 10-Jahresfrist)	16. Dezember 2090
8	Verlängerungsgebühr (6 Monate vor Ende der 10-Jahresfrist)	16. Dezember 2100

Abb. 11.1 Gebühren einer Unionsmarke (Stand vom Oktober 2021)

Gebühren einer Unionsmarke	
• Grundgebühr Anmeldung einer Marke	
– elektronisch (inklusive 1 Klasse)	850 Euro
• 2. Klasse	50 Euro
• 3. Klasse und jede weitere Klasse	150 Euro

11.3 Priorität

Eine Unionsmarke kann die Priorität einer nationalen Marke in Anspruch nehmen. Voraussetzung ist, dass der Anmeldetag der nationalen Marke nicht länger als sechs Monate vor dem Anmeldetag der Unionsmarke liegt.[3] Außerdem muss es sich bei der prioritätsbegründenden Marke um dieselbe Markenform und Markendarstellung handeln. Die Waren und Dienstleistungen der Unionsmarke müssen dieselben der prioritätsbegründenden Marke sein oder sie sind von den Waren und Dienstleistungen der

---

[3] Artikel 4 C Absatz 1 PVÜ, „https://www.wipo.int/edocs/pubdocs/de/intproperty/201/wipo_pub_201.pdf", abgerufen am 12. Juni 2021.

prioritätsbegründenden Marke umfasst.[4] Die Inanspruchnahme der Priorität hat für die Unionsmarke die Wirkung, dass diese den frühen Zeitrang der prioritätsbegründenden nationalen Marke annimmt.

11.4   Seniorität

Nach Ablauf der Priorität kann noch durch die Seniorität ein früher Zeitrang einer nationalen Marke auf eine Unionsmarke übertragen werden.[5] Der gute Zeitrang gilt jedoch nur für den jeweiligen nationalen Anteil der Unionsmarke und es kann nur eine Seniorität einer nationalen Marke eines EU-Mitgliedsstaats genutzt werden.[6]

Mit dem Rechtsinstitut der Seniorität kann ein Markenportfolio bereinigt werden, denn es können nationale Marken, nach Übertragung deren frühen Zeitrangs auf die Unionsmarke, fallen gelassen werden. Eine Ausdünnung eines Markenportfolios wird erreicht und die Kosten werden gesenkt.

Nachteilig bei der Seniorität ist, dass ein potenzieller Angreifer nur noch eine Unionsmarke angreifen muss, um den Markenschutz insgesamt zunichtezumachen. Ein Angriff auf eine Unionsmarke ist außerdem wahrscheinlicher, denn jeder Inhaber einer nationalen Marke in einem der EU-Mitgliedsstaaten kann eine Unionsmarke angreifen. Eine nationale Marke eines EU-Mitgliedsstaats kann nur mit älteren nationalen Marken aus demselben Land, mit Unionsmarken und internationalen Registrierungen mit Benennung des jeweiligen Landes oder EM[7] angegriffen werden.

11.5   Bemerkungen Dritter

Jede natürliche oder juristische Person kann sogenannte „Bemerkungen Dritter" zu einer anhängigen Anmeldung einer Marke beim EUIPO einreichen und hierin Gründe nennen, die einer Eintragung der Marke im Wege stehen. Es werden nur Gründe vom Amt berücksichtigt, die absolute Eintragungshindernisse betreffen.[8] Insbesondere können sich die Bemerkungen auf mangelnde Unterscheidungskraft, Verletzen des Freihaltebedürfnisses und Täuschungsgefahr der beteiligten Verkehrskreise stützen.[9]

---

[4] Artikel 34 Absatz 1 Unionsmarkenverordnung.

[5] Artikel 39 Absatz 1 und Artikel 40 Absatz 1 Unionsmarkenverordnung.

[6] EuG, 19.6.2014, T-382/12, BeckRS, 2014, 81.630 – Nobel/Nobel.

[7] EM ist die Abkürzung für eine Unionsmarke bei einer internationalen Registrierung.

[8] Artikel 45 Absatz 1 Unionsmarkenverordnung.

[9] Artikel 7 Unionsmarkenverordnung.

Bemerkungen Dritter werden bis zum Ablauf der Widerspruchsfrist oder, falls ein Widerspruchsverfahren anhängig ist, bis zur Entscheidung über den Widerspruch vom Amt in das Prüfungsverfahren aufgenommen.[10] Ältere Rechte werden als Bemerkungen Dritter nicht berücksichtigt. Für die Geltendmachung älterer Rechte ist das Widerspruchsverfahren vorgesehen.[11]

11.6 Recherchenbericht

Das EUIPO erstellt zu jeder Anmeldung einen Recherchenbericht, der die älteren Unionsmarken enthält, die verwechslungsfähig zur Anmeldemarke sein können.[12] Dieser Recherchenbericht wird den Inhabern der älteren Unionsmarken nach der Veröffentlichung der Anmeldung übermittelt.[13] Den Inhabern der älteren Unionsmarken wird dadurch ermöglicht, einen Widerspruch gegen die Eintragung einer jüngeren Marke beim EUIPO einzureichen.[14]

Der Anmelder der jüngeren Marke kann beantragen, dass ihm der Recherchenbericht über die älteren Rechte, die eventuell mit seiner Unionsmarke kollidieren, übermittelt wird.[15] Es entstehen dem Anmelder hierdurch keine zusätzlichen Kosten.

11.7 Verzicht

Der Inhaber einer Marke kann auf seine komplette Marke oder auf einzelne Waren und Dienstleistungen verzichten.[16] Mit einem Verzicht auf seine Marke kann der Markeninhaber ein Widerspruchs- oder ein Löschungsverfahren vor dem EUIPO gegen seine Marke beenden. Es ist nicht erforderlich, dass der Verfahrensgegner dem Verzicht zustimmt. Ein Verzicht muss schriftlich erklärt werden.[17] Durch einen Verzicht auf einzelne Waren und Dienstleistungen kann in einem Kollisionsverfall eventuell eine Verwechslungsgefahr mit einer älteren Marke ausgeräumt werden.

---

[10] Artikel 45 Absatz 2 Unionsmarkenverordnung.

[11] Artikel 46 Unionsmarkenverordnung.

[12] Artikel 8 Unionsmarkenverordnung.

[13] Artikel 43 Absatz 7 Satz 1 Unionsmarkenverordnung.

[14] Artikel 46 Unionsmarkenverordnung.

[15] Artikel 43 Absatz 6 Unionsmarkenverordnung.

[16] Artikel 57 Absatz 1 Unionsmarkenverordnung.

[17] Artikel 57 Absatz 2 Satz 1 Unionsmarkenverordnung.

11.8   Deutsche Marke oder Unionsmarke?

Die Frage nach der benötigten territorialen Ausdehnung des Markenschutzes kann nur für den Einzelfall geklärt werden. Sollen beispielsweise nur in Deutschland Waren und Dienstleistungen angeboten werden, erscheint eine deutsche Marke ausreichend. Soll jedoch auch für das europäische Ausland sichergestellt werden, dass die eigene Marke nicht von Dritten benutzt wird, ist eine Unionsmarke erforderlich. Bei der Anmeldung einer Unionsmarke sollte eine Ähnlichkeitsrecherche für sämtliche Mitgliedsstaaten der EU durchgeführt werden.

Internationale Registrierung

Mit einer internationalen Registrierung bei der WIPO in Genf kann Markenschutz in den meisten Ländern der Erde erlangt werden. Der Anmelder muss eine Grundgebühr an die WIPO entrichten und eine jeweilige nationale Gebühr für die gewünschten Länder bezahlen. Der Anmelder kann seinen Markenschutz auf beliebige Länder ausdehnen. Auf diese Weise kann beispielsweise eine deutsche Marke auf die USA erstreckt werden.

Eine Unionsmarke kann durch eine internationale Registrierung erlangt werden. Beispielsweise kann eine deutsche Marke als Basismarke über eine internationale Registrierung auf die EU ausgedehnt werden. Vorteilhafterweise kann mit einer internationalen Registrierung auch ein Markenschutz in USA, in China etc. erlangt werden.

Voraussetzung einer internationalen Registrierung ist eine sogenannte Basismarke. Eine Basismarke kann eine nationale oder eine regionale Markenanmeldung sein. Mit einer internationalen Markenanmeldung kann kostengünstig ein internationaler Markenschutz erreicht werden.

12.1 Madrider Markenabkommen

Gesetzliche Grundlage einer internationalen Registrierung ist das Madrider Markenabkommen (Madrider Abkommen über die internationale Registrierung von Marken, MMA). Das Madrider Markenabkommen stammt aus dem Jahre 1891. Bedeutende Industriestaaten vereinbarten in dem Abkommen, dass eine einzelne Markenregistrierung für alle Länder der Vertragsstaaten erweiterbar ist. 1989 wurde eine Erweiterung beschlossen, nämlich das Protokoll zum Madrider Markenabkommen, bei dem weitere Staaten dem Madrider Verband beigetreten sind. Beim Madrider Markenabkommen oder dem Protokoll sind zusammen 106 Staaten Mitglieder.

T. H. Meitinger, *Ohne Anwalt zur Marke,* https://doi.org/10.1007/978-3-662-64159-0_12

Die Vorgehensweise bei einer internationalen Registrierung ist, dass zunächst eine Basismarke anzumelden ist. Beispielsweise kann eine nationale deutsche Marke oder eine Unionsmarke eine Basismarke sein. Die Anmeldeunterlagen können beim deutschen Patentamt eingereicht werden. Diese werden innerhalb von zwei Monaten an die WIPO weitergeleitet. Die WIPO übermittelt die Markenanmeldung an die vom Anmelder bestimmten nationalen Patentämter. Hierdurch entsteht ein Bündel an nationalen Markenanmeldungen.

Voraussetzung für eine internationale Registrierung ist, dass der Anmelder seinen Wohnsitz oder einen Geschäftssitz in einem der Mitgliedsstaaten des Madrider Markenabkommens oder des Protokolls hat. Es ist eine Grundgebühr zu entrichten und eine Gebühr, die abhängig von den bestimmten Ländern ist. Außerdem ist eine Gebühr zu entrichten, die der Zahl der beanspruchten Nizza-Klassen entspricht.

Nachdem die WIPO die Anmeldeunterlagen an die einzelnen nationalen Länder weitergeleitet hat, prüfen die nationalen Länder die Markenanmeldungen gemäß ihrem nationalen Markenrecht. Das jeweilige nationale Markenrecht kann sehr vom deutschen Markenrecht abweichen. Beispielsweise prüft das USPTO[1] vor der Eintragung auch auf ältere Rechte.

Eine Nachbenennung ist möglich, das bedeutet, dass ein Markenrecht nachträglich für weitere Staaten des Madrider Markenabkommens beantragt werden kann. Hierfür ist eine Gebühr zu entrichten.

Bei der internationalen Registrierung sollte berücksichtigt werden, dass in jedem Land besondere Bezeichnungen für Waren und Dienstleistungen gelten können. Dankenswerterweise hat das EUIPO in seiner Datenbank TMclass[2] eine Möglichkeit vorgesehen, dass die Waren und Dienstleistungen je nach Land bestimmt werden können.

Dem Madrider Abkommen sind 55 Staaten beigetreten. Alle Mitgliedsstaaten des Madrider Markenabkommens sind auch dem Protokoll zum Madrider Markenabkommen beigetreten. Alle Mitgliedsstaaten des Madrider Markenabkommens sind daher Vollmitglieder.

12.2   Protokoll zum Madrider Markenabkommen

1989 wurde das Protokoll zum Madrider Markenabkommen (Protokoll zum Madrider Markenabkommen über die internationale Registrierung von Marken, PMMA) vereinbart. Das PMMA steht rechtlich selbstständig neben dem MMA. Alle Mitgliedsstaaten des MMA sind dem PMMA beigetreten. Die Gesamtheit der Staaten, die dem MMA oder dem PMMA beigetreten sind, wird als Madrider Verband (Madrid Union) bezeichnet. Der Madrider Verband umfasst 106 Staaten (siehe Tab. 12.1).

---

[1] USPTO United States Patent and Trademark Office.

[2] TMclass TM für Trademark und class für Klasse.

Tab. 12.1 Mitgliedsstaaten des MMA und PMMA

Mitgliedsstaaten PMMA	Mitgliedsstaaten des MMA
Afghanistan	
African Intellectual Property Organization (OAPI)	
Albanien	x
Algerien	x
Antigua und Barbuda	
Armenien	x
Australien	
Österreich	x
Azerbaijan	x
Bahrain	
Belarus	x
Belgium	x
Bhutan	x
Bosnia and Herzegovina	x
Botswana	
Brazil	
Brunei Darussalam	
Bulgaria	x
Cambodia	
Canada	
China	x
Colombia	
Croatia	x
Cuba	x
Cyprus	x
Czech Republic	x
Democratic People's Republic of Korea	x
Denmark	
Egypt	x
Estonia	
Eswatini	
European Union (EU)	
Finland	
France	x
Gambia	

(Fortsetzung)

Tab. 12.1   (Fortsetzung)

Mitgliedsstaaten PMMA	Mitgliedsstaaten des MMA
Georgia	
Germany	x
Ghana	
Greece	
Hungary	x
Iceland	
India	
Indonesia	
Iran (Islamic Republic of)	x
Ireland	
Israel	
Italy	x
Japan	
Kazakhstan	x
Kenya	x
Kyrgyzstan	x
Lao People's Democratic Republic	
Latvia	x
Lesotho	x
Liberia	x
Liechtenstein	x
Lithuania	
Luxembourg	x
Madagascar	
Malawi	
Malaysia	
Mexico	
Monaco	x
Mongolia	x
Montenegro	x
Morocco	x
Mozambique	x
Namibia	x
Netherlands	x
New Zealand	

(Fortsetzung)

Tab. 12.1   (Fortsetzung)

Mitgliedsstaaten PMMA	Mitgliedsstaaten des MMA
North Macedonia	
Norway	
Oman	
Pakistan	
Philippines	
Poland	x
Portugal	x
Republic of Korea	
Republic of Moldova	x
Romania	x
Russian Federation	x
Rwanda	
Samoa	
San Marino	x
Sao Tome and Principe	
Serbia	x
Sierra Leone	x
Singapore	
Slovakia	x
Slovenia	x
Spain	x
Sudan	x
Sweden	
Switzerland	x
Syrian Arab Republic	x
Tajikistan	x
Thailand	
Trinidad and Tobago	
Tunisia	
Turkey	
Turkmenistan	
Ukraine	x
United Kingdom	
United States of America	
Uzbekistan	

(Fortsetzung)

Tab. 12.1 (Fortsetzung)

Mitgliedsstaaten PMMA	Mitgliedsstaaten des MMA
Vietnam	x
Zambia	
Zimbabwe	

12.3   Unionsmarke oder deutsche Marke als Basismarke?

Eine internationale Registrierung kann mit einer deutschen Marke oder einer Unionsmarke als Basismarke beantragt werden. Deutschland ist Vollmitglied, da Deutschland
sowohl das Madrider Markenabkommen als auch das Protokoll zum Madrider Markenabkommen unterzeichnet hat. Die EU (Europäische Union) ist nur Protokollmitglied,
da die EU nur dem Protokoll zum Madrider Markenabkommen beigetreten ist. Weitere
Protokollmitglieder sind beispielsweise die USA und Japan. Bei einer internationalen
Registrierung mit einer Basismarke eines Protokollmitglieds verlangen einige Vollmitglieder wesentlich höhere Gebühren im Vergleich zu einer internationalen Anmeldung
mit einer Basismarke eines Vollmitglieds.

Eine internationale Registrierung ist fünf Jahre von der Basismarke abhängig. Das
bedeutet, dass innerhalb dieser Zeit eine Löschung der Basismarke zu dem Untergang
der internationalen Registrierung und aller daraus hervorgegangenen nationalen oder
regionalen Marken führt. Eine deutsche Marke kann nur mit Marken, die für Deutschland wirksam sind, angegriffen werden. Der häufigste Grund für eine Löschung ist der
Widerspruch eines Dritten.

Bei einer Unionsmarke können aus allen EU-Mitgliedsstaaten Angriffe erfolgen.
Eine Unionsmarke kann mit einer deutschen Marke, einer italienischen Marke, einer
griechischen Marke, einer französischen Marke etc. angegriffen werden. Es ist daher
wahrscheinlicher, dass eine Unionsmarke mit einem Widerspruch angegriffen wird. Dies
gilt umso mehr, da das EUIPO selbsttätig eine Ähnlichkeitsrecherche durchführt und die
Inhaber älterer Rechte auf eventuell verwechslungsfähige, jüngere Marken hinweist.

Es ist daher empfehlenswert, als Basismarke einer internationalen Registrierung keine
Unionsmarke, sondern eine deutsche Marke zu verwenden. Eine Unionsmarke kann
dann über die internationale Registrierung erlangt werden. Bei dieser Vorgehensweise
ergeben sich höhere Kosten, da eine deutsche Marke zusätzlich bezahlt werden muss, die
ja auch über die internationale Registrierung erreicht werden könnte, allerdings handelt
es sich hierbei um den weniger riskanten Weg.

Tab. 12.2 Fristen einer IR-Marke

Fristen einer IR-Marke	
Anmeldetag	16. Juni 2021
Zahlung der Gebühren (innerhalb eines Monats nach Anmeldetag)	16. Juli 2021
erste Verlängerung der Schutzdauer	16. Dezember 2030
zweite Verlängerung der Schutzdauer	16. Dezember 2040

12.4 Nachbenennen von Ländern

Es können zu einer bestehenden international registrierten Marke zusätzliche Länder nachbenannt werden. Hierzu ist ein Antrag auf nachträgliche Benennung zu stellen. Der Antrag kann unter dem Link „https://www.wipo.int/export/sites/www/madrid/en/forms/docs/form_mm4.pdf" abgerufen werden.[3] Der Antrag kann beim deutschen Patentamt oder direkt beim WIPO gestellt werden.

12.5 Fristen einer IR-Marke

In der Tab. 12.2 werden die Fristen einer internationalen Registrierung beispielhaft bei einem Anmeldetag 16. Juni 2021 aufgelistet.

Die Gebühren sind innerhalb des ersten Monats nach dem Anmeldetag zu entrichten. Die internationale Registrierung kann beliebig oft durch Zahlung einer Verlängerungsgebühr um jeweils zehn Jahre verlängert werden. Die Verlängerungsgebühr ist innerhalb einer 6-Monatsfrist vor Ablauf der Schutzdauer zuschlagsfrei zu entrichten.

12.6 Gebühren einer IR-Marke

Unter dem Link „https://www.wipo.int/madrid/feecalc/FirstStep"[4] kann der Gebührenrechner der WIPO aufgerufen werden. In den Gebührenrechner kann das Land der Basismarke eingetragen werden (office of origin) und die Anzahl der gewünschten Klassen (number of classes). Wird als Basismarke eine Marke eines Landes gewählt,

---

[3] WIPO, Antrag MM4, „https://www.wipo.int/export/sites/www/madrid/en/forms/docs/form_mm4.pdf", abgerufen am 11. Juni 2021.

[4] WIPO, „https://www.wipo.int/madrid/feecalc/FirstStep", abgerufen am 21. Juni 2021.

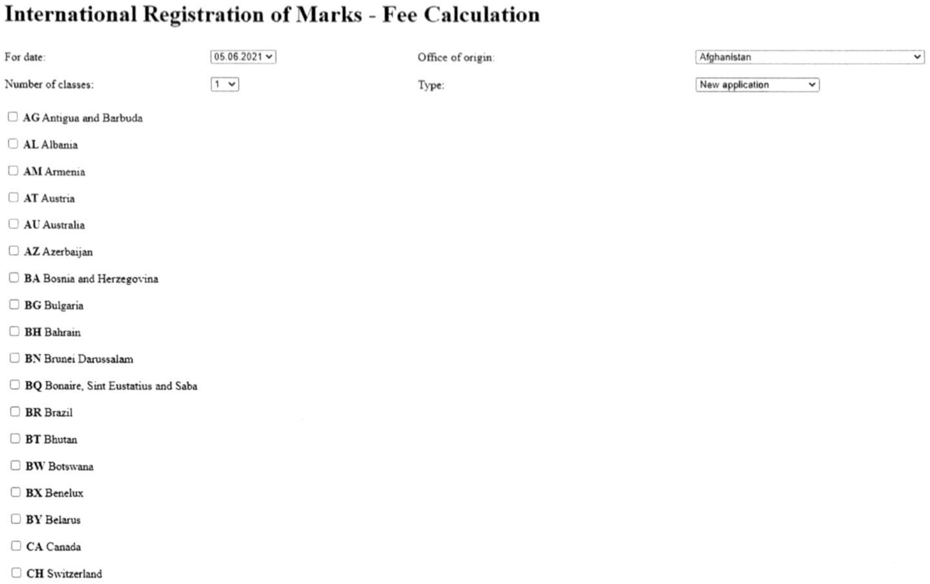

International Registration of Marks - Fee Calculation

For date:	05.06.2021 ˅	Office of origin: Afghanistan ˅
Number of classes:	1 ˅	Type: New application ˅

☐ **AG** Antigua and Barbuda

☐ **AL** Albania

☐ **AM** Armenia

☐ **AT** Austria

☐ **AU** Australia

☐ **AZ** Azerbaijan

☐ **BA** Bosnia and Herzegovina

☐ **BG** Bulgaria

☐ **BH** Bahrain

☐ **BN** Brunei Darussalam

☐ **BQ** Bonaire, Sint Eustatius and Saba

☐ **BR** Brazil

☐ **BT** Bhutan

☐ **BW** Botswana

☐ **BX** Benelux

☐ **BY** Belarus

☐ **CA** Canada

☐ **CH** Switzerland

Abb. 12.1   Kosten einer IR-Marke (WIPO)

das Vollmitglied ist, ergeben sich niedrigere Kosten im Vergleich zu einem Land, das nur Protokollmitglied ist. Außerdem können die Länder angeklickt werden, auf die der Markenschutz erstreckt werden soll (mit einem Klick auf „continue" öffnet sich die Länderliste) (siehe Abb. 12.1).

Anmelden einer Marke

Es werden die erforderlichen Angaben einer Anmeldung diskutiert. Ein Schwerpunkt stellt die Zusammenstellung der Waren und Dienstleistungen dar. Außerdem werden die unterschiedlichen Anmeldewege, postalisch, per Fax oder online, vorgestellt.

13.1 Angabe des Anmelders

Der Name und die Adresse des Anmelders sind korrekt anzugeben. Der korrekte Name und die richtige Adresse einer GmbH oder UG sind die Angaben, die im Handelsregister hinterlegt sind. Bevor eine Marke für eine GmbH oder eine UG angemeldet wird, sollte überprüft werden, ob die Angaben zum Unternehmen denen des Handelsregisters entsprechen.

Bei einer BGB-Gesellschaft (GbR, Gesellschaft bürgerlichen Rechts) ist es erforderlich, dass zumindest die Daten eines Gesellschafters angegeben werden. Der Grund ist darin zu sehen, dass eine BGB-Gesellschaft nicht als juristische Person, wie eine GmbH oder eine UG, gilt und daher nicht voll rechts- und geschäftsfähig ist.

13.2 Waren und Dienstleistungen

Die Waren und Dienstleistungen, für die die Marke eingetragen werden soll, sind konkret zu benennen. Es genügt hierzu nicht, dass einzelne Klassen angegeben werden. Es sind für die Klassen auch die Begriffe anzugeben, die die Waren und Dienstleistungen bestimmen. Eine Angabe nur der Klassen wäre eine unbestimmte Angabe der Waren und Dienstleistungen, die nicht zu einer Eintragung der Marke in das Register führen würde.

© Der/die Autor(en), exklusiv lizenziert durch Springer-Verlag GmbH, DE, ein Teil von Springer Nature 2021
T. H. Meitinger, *Ohne Anwalt zur Marke,* https://doi.org/10.1007/978-3-662-64159-0_13

Es ist empfehlenswert, die Begriffe zur Bestimmung der Waren und Dienstleistungen zu verwenden, die durch die Nizza-Klassifikation vorgegeben werden. Bei diesen Begriffen kann von einer hinreichenden Bestimmtheit ausgegangen werden. Begriffe wie „Maschine" oder „System" erfüllen dieses Kriterium der Bestimmtheit beispielsweise nicht.

13.2.1   Gruppierungszwang

Die Waren und Dienstleistungen müssen nach der Nizza-Klassifikation gruppiert werden. Das bedeutet, dass zur jeweiligen Nizza-Klasse die gewünschten Waren und Dienstleistungen anzugeben sind. Die ausgewählten Nizza-Klassen sind in numerisch aufsteigender Weise dem Patentamt anzugeben.

13.2.2   Nizza-Klassifikation

Die Bezeichnungen der Waren und Dienstleistungen, die von einem Patentamt akzeptiert werden, können der Nizza-Klassifikation[1] entnommen werden. Die Nizza-Klassifikation wurde am 15. Juni 1957 mit dem „Abkommen von Nizza über die internationale Klassifikation von Waren und Dienstleistungen für die Eintragung von Marken" von führenden Industrieunternehmen beschlossen. Die Nizza-Klassifikation wird alle fünf Jahre aktualisiert. Derzeit ist die elfte Fassung vom 1. Januar 2019 gültig, die als „Version 2021" bezeichnet wird.[2]

Die Nizza-Klassifikation umfasst 45 Klassen. Sämtliche möglichen Waren und Dienstleistungen sind Klassen zugeordnet. Es gibt gesonderte Nizza-Klassen für Waren und spezielle Klassen für Dienstleistungen. Beispielsweise ist die Dienstleistung „Verpflegung von Gästen in Restaurants" in der Nizza-Klasse 43 aufgeführt. Die Ware Software ist in der Nizza-Klasse 9 enthalten (siehe Tab. 13.1).

Das EUIPO unterhält den Service TMclass[3]. Unter dem Link „http://euipo.europa. eu/ec2/?lang=de"[4] können die Nizza-Klassen für Waren und Dienstleistungen abgefragt werden. In diesem Online-Portal können in die Suchmaske einzelne Waren oder Dienstleistungen eingegeben werden und eine Zuordnung zu Nizza-Klassen wird

---

[1] Nice Agreement concerning the international classification of goods and services for the purposes of the registration of marks (Kurzbezeichnung: Nizza-Klassifikation).

[2] Unter dem Link „https://www.dpma.de/marken/klassifikation/waren_dienstleistungen/nizza/index. html" (DPMA, abgerufen am 29. Mai 2021) des deutschen Patentamts können die Nizza-Marken-klassifikationen heruntergeladen werden.

[3] TMclass: TM für Trademark und class für Klasse.

[4] EUIPO, „http://euipo.europa.eu/ec2/?lang=de", abgerufen am 29. Mai 2021.

Tab. 13.1 Nizza-Klassen

Waren	
Klasse 1	Chemische Erzeugnisse für gewerbliche, wissenschaftliche, fotografische, land-, garten- und forstwirtschaftliche Zwecke
Klasse 2	Farbanstrichmittel, Färbemittel und Korrosionsschutzmittel
Klasse 3	Nicht-medizinische Mittel für die Körper- und Schönheitspflege sowie Putzmittel
Klasse 4	Technische Öle und Fette, Brennstoffe und Leuchtstoffe
Klasse 5	Pharmazeutische Erzeugnisse und andere Präparate für medizinische oder veterinärmedizinische Zwecke
Klasse 6	Rohe und teilweise bearbeitete unedle Metalle, einschließlich Erze, sowie bestimmte aus unedlen Metallen hergestellte Waren
Klasse 7	Maschinen und Werkzeugmaschinen, Motoren und Triebwerke
Klasse 8	Handbetätigte Werkzeuge und Geräte für die Ausführung verschiedener Arbeiten, wie z. B. Bohren, Formen, Schneiden und Stechen
Klasse 9	Apparate und Instrumente für wissenschaftliche oder Forschungszwecke, audiovisuelle und informationstechnische Geräte sowie Sicherheits- und Rettungsausrüstung
Klasse 10	Chirurgische, ärztliche, zahn- und tierärztliche Apparate, Instrumente und Gegenstände, die im Allgemeinen für die Diagnose, Behandlung oder Verbesserung der körperlichen Funktionen oder des Gesundheitszustandes von Menschen und Tieren verwendet werden
Klasse 11	Apparate und Anlagen zur Regelung der Umgebungsbedingungen, insbesondere zu Beleuchtungs-, Koch-, Kühlungs- und Hygienezwecken
Klasse 12	Fahrzeuge und Apparate für die Personenbeförderung oder den Warentransport auf dem Lande, in der Luft oder auf dem Wasser
Klasse 13	Schusswaffen und pyrotechnische Erzeugnisse
Klasse 14	Edelmetalle und bestimmte daraus hergestellte oder damit beschichtete Gegenstände sowie Juwelierwaren, Schmuckwaren, Uhren und deren Bestandteile
Klasse 15	Musikinstrumente, deren Teile und deren Zubehör
Klasse 16	Papier, Pappe und bestimmte Waren aus diesen Materialien sowie Büroartikel
Klasse 17	Material zur Isolierung von Elektrizität, Wärme oder Schall und Kunststoffe zur Verwendung in Herstellungsverfahren in Form von Folien, Platten oder Stangen sowie bestimmte Waren aus Kautschuk, Guttapercha, Gummi, Asbest, Glimmer
Klasse 18	Leder, Lederimitationen und Waren aus diesen Materialien
Klasse 19	Nicht-metallische Materialien für Bauzwecke
Klasse 20	Möbel und Möbelteile sowie bestimmte Waren aus Holz, Kork, Rohr, Binsen, Weide, Horn, Knochen, Elfenbein, Fischbein, Muschelschalen, Bernstein, Perlmutter, Meerschaum und deren Ersatzstoffe oder aus Kunststoff

(Fortsetzung)

Tab. 13.1 (Fortsetzung)

Klasse 21	Kleine, handbetätigte Haus- und Küchengeräte sowie kosmetische Geräte und Geräte für die Körper- und Schönheitspflege, Glaswaren und bestimmte Waren aus Porzellan, Keramik, Steingut, Terrakotta oder Glas
Klasse 22	Leinwand und andere Materialien für die Herstellung von Segeln, Seilen, Polster- und Füllmaterialien und rohe Gespinstfasern
Klasse 23	Natürliche oder synthetische Garne und Fäden für textile Zwecke
Klasse 24	Stoffe, Decken und Bezüge für den Haushalt
Klasse 25	Bekleidungsstücke, Schuhwaren und Kopfbedeckungen für Menschen
Klasse 26	Kurzwaren, Posamenten, Echt- oder Kunsthaar sowie Haarschmuck und kleine dekorative Elemente, die zur Verzierung von Gegenständen dienen
Klasse 27	Beläge und Verkleidungen für Fußböden und Wände
Klasse 28	Spielwaren, Spielgeräte, Sportausrüstung, Unterhaltungsartikel und Kuriositäten sowie bestimmte Artikel für Weihnachtsbäume
Klasse 29	Nahrungsmittel tierischer Herkunft sowie Gemüse und andere essbare, für den Verzehr zubereitete oder konservierte Gartenbauprodukte
Klasse 30	Für den Verzehr zubereitete oder konservierte Nahrungsmittel pflanzlicher Herkunft, ausgenommen Obst und Gemüse, sowie Zusätze für die Geschmacksverbesserung von Nahrungsmitteln
Klasse 31	Nicht für den Verzehr zubereitete Boden- und Meeresprodukte, lebende Tiere und Pflanzen sowie Tiernahrungsmittel
Klasse 32	Alkoholfreie Getränke sowie Biere
Klasse 33	Alkoholische Getränke, Essenzen und Extrakte
Klasse 34	Tabak und Raucherartikel sowie bestimmtes Zubehör und bestimmte Behälter im Zusammenhang mit ihrer Verwendung
Dienstleistungen	
Klasse 35	Werbung; Geschäftsführung, -organisation und -verwaltung; Büroarbeiten
Klasse 36	Finanzdienstleistungen, Geldgeschäfte und Dienstleistungen von Banken; Versicherungsdienstleistungen; Immobilienwesen
Klasse 37	Baudienstleistungen; Installationsarbeiten und Reparaturdienstleistungen; Bergbau, Erdöl- und Erdgasbohrungen
Klasse 38	Telekommunikationsdienstleistungen
Klasse 39	Transportdienstleistungen; Verpackung und Lagerung von Waren; Veranstaltung von Reisen
Klasse 40	Materialbearbeitung; Recycling von Müll und Abfall; Luftreinigung und Wasserbehandlung; Druckereidienstleistungen; Konservierung von Nahrungsmitteln und Getränken
Klasse 41	Erziehung; Ausbildung; Unterhaltung; sportliche und kulturelle Aktivitäten

(Fortsetzung)

Tab. 13.1 (Fortsetzung)

Klasse 42	Wissenschaftliche und technologische Dienstleistungen sowie Forschungs-arbeiten und diesbezügliche Designerdienstleistungen; industrielle Analyse, industrielle Forschung und Dienstleistungen eines Industriedesigners; Qualitätskontrolle und Authentifizierungsdienstleistungen; Entwurf und Entwicklung von Computerhard- und -software
Klasse 43	Dienstleistungen zur Verpflegung und Beherbergung von Gästen
Klasse 44	Medizinische Dienstleistungen; veterinärmedizinische Dienstleistungen; Gesundheits- und Schönheitspflege für Menschen und Tiere; Dienstleistungen im Bereich der Landwirtschaft, Aquakultur, Gartenbau und Forstwirtschaft
Klasse 45	Juristische Dienstleistungen; Sicherheitsdienste zum physischen Schutz von Sachgütern oder Personen; von Dritten erbrachte persönliche und soziale Dienstleistungen betreffend individuelle Bedürfnisse

vorgeschlagen. Alternativ kann auf diesem Online-Portal eine Nizza-Klasse eingegeben werden. In diesem Fall werden alle Waren und Dienstleistungen dieser Nizza-Klasse präsentiert.

Es ist genau zu bestimmen, für welche Waren und Dienstleistungen eine Marke eingetragen werden soll. Hierbei ist eine freie Wortwahl zwar möglich, aber nicht empfehlenswert. Vielmehr ist es empfehlenswert, die Bezeichnungen gemäß den Vorgaben der Patentämter zu verwenden. Ansonsten kann die Eintragung der Marke im Patentamt nicht automatisch erfolgen, sondern muss manuell durchgeführt werden, wodurch eine schnelle Markeneintragung nicht mehr möglich ist.

> **Beispiel**
>
> Das Softwareunternehmen Best Software GmbH möchte sich seine Marke „Pasquale" als Marke für seine Softwareprodukte und Softwaredienstleistungen schützen lassen. Für die Best Software GmbH sind die Waren Software, Softwarepakete, Datenverarbeitungs-Software, herunterladbare Software der Nizza-Klasse 9 und die Dienstleistungen Softwareberatung, Softwareerstellung, Softwareengineering, Softwareentwicklung und Softwareerstellungsleistungen der Nizza-Klasse 42 zu empfehlen. ◄

13.3 Beispiele aus der Praxis

Es werden Beispiele aus typischen Anwendungsbereichen vorgestellt, um die grundsätzliche Vorgehensweise bei der Bestimmung der Waren und Dienstleistungen zu verdeutlichen.

In der Praxis hat es sich bewährt, für eine Markenanmeldung drei Klassen zu wählen und für diese Klassen fünf bis zehn Begriffe zu bestimmen. Hierdurch ergibt sich ein Kostenvorteil, da in vielen Ländern drei Klassen bei der Anmeldegebühr inklusive sind, beispielsweise in Deutschland. Eine Anmeldung einer Marke für sehr viele Klassen macht keinen Sinn, da die Marke für sämtliche Klassen benutzt werden muss. Ansonsten wird die Marke für diese Klassen bzw. für die betreffenden Waren und Dienstleistungen löschungsreif. Die zusätzlichen Klassengebühren wären dann vergeudet. Außerdem steigert eine hohe Klassenzahl das Risiko einer Verwechslungsgefahr mit einer älteren Marke, weswegen man sich mit einer hohen Anzahl an Klassen ein hohes Risiko einer anwaltlichen oder patentamtlichen Auseinandersetzung einhandelt.

▶ **Tipp** Es ist in aller Regel sinnvoll, eine Marke für drei Klassen anzumelden. Für jede Klasse können beispielsweise fünf bis zehn konkrete Waren oder Dienstleistungen bestimmt werden. Es ist in den meisten Fällen empfehlenswert, zwei Waren-Klassen und eine Dienstleistungsklasse oder eine Waren-Klasse und zwei Dienstleistungs-Klasse anzugeben.

Die Nizza-Klassifikation umfasst 34 Klassen für Waren (Nizza-Klassen 1 bis 34) und 11 Klassen für Dienstleistungen (Nizza-Klassen 35 bis 45). Für die einzelnen Nizza-Klassen sind die konkreten Waren und Dienstleistungen zu benennen, für die die Marke eingetragen werden soll. Hierbei kann für jede Klasse nur ein einzelner Begriff ausgewählt werden. Es ist jedoch ratsam für jede Klasse mehrere Begriffe anzugeben. Diese Vorgehensweise kann sich nachträglich insbesondere dann als sinnvoll erweisen, falls gegen die Marke ein Widerspruch eingelegt wird. In diesem Fall ist es eventuell möglich, durch den Verzicht auf einzelne Waren und Dienstleistungen zu einer Vereinbarung über eine Koexistenz mit dem Inhaber der älteren Marke zu gelangen, ohne die eigene Marke komplett zu verlieren.

Die Möglichkeit in einer Verhandlung mit dem Inhaber einer älteren Marke eine Koexistenz-Vereinbarung zu schließen, ist ein weiterer Grund dafür, nicht nur eine, sondern beispielsweise drei Nizza-Klassen für eine Markenanmeldung anzugeben. Allerdings sollte bedacht werden, dass deutlich mehr als drei Klassen die Wahrscheinlichkeit eines Widerspruchs oder eines Löschungsverfahrens gegen die Marke erhöhen.

▶ **Tipp** Bei der Angabe einer Nizza-Klasse sollten fünf bis zehn Waren oder Dienstleistungen aus dieser Klasse benannt werden.

Die Auflistung der Nizza-Klassen erfolgt entsprechend ihrer Bedeutung. Bei der Anmeldung der Marke sind die Nizza-Klassen in aufsteigender Reihenfolge anzugeben.

13.3.1 Konditorei

Die Süß-und-Lecker Konditorei möchte mit einer Marke für ihre Marzipan-Sahne-Torte werben. Die Marke wird „Lerus" heißen und kann für folgende Klassen eingetragen werden:

- Nizza-Klasse 30 für Back- und Konditoreiwaren, Schokolade und Desserts, insbesondere Gebäck, Kuchen, Torten und Kekse, Süßwaren, Schokoriegel und Kaugummi
- Nizza-Klasse 35 für Einzel- und Großhandelsdienstleistungen in Bezug auf Lebensmittel, Versand von Einzelhandelswaren
- Nizza-Klasse 21 für Geschirr, Kochgeschirr und Behälter, insbesondere Küchenseiher, Kuchenformen, Kuchenbleche und Kuchenplatten

13.3.2 Restaurant

Ein italienisches Restaurant möchte sich „Bella Mama" als Marke eintragen lassen. Folgende Klassen können empfohlen werden:

- Klasse 43 für Dienstleistungen zur Verpflegung und Beherbergung von Gästen
- Klasse 30 für für den Verzehr zubereitete oder konservierte Nahrungsmittel, insbesondere Pizzen, Pizzasoßen, Pizzateig, Pizzagewürze, Pizzafertiggerichte, Spaghetti und Spaghettisoße
- Klasse 39 für Transportdienstleistungen, insbesondere Lieferung von Nahrungsmitteln durch Restaurants

13.3.3 Eisdiele

Die Eisdiele „Lombisto" möchte sich ihre Geschäftsbezeichnung als Marke eintragen lassen. Für die Marke „Lombisto" können folgende Klassen empfohlen werden:

- Nizza-Klasse 30 für für den Verzehr zubereitete oder konservierte Nahrungsmittel, insbesondere Eiscreme, Eistee, Eiskaffee, Eiskonfekt, Kuchen, Kuchenteig,
- Nizza-Klasse 43 für Beherbergung und Verpflegung von Gästen, Gästeverpflegung in Restaurants und Dienstleistung zur Beherbergung von Gästen, insbesondere Catering
- Nizza-Klasse 39 für Transportdienstleistungen; Verpackung und Lagerung von Waren, insbesondere Lieferung von Nahrungsmitteln durch Restaurants

13.3.4 Getränkehersteller

Die BestNade GmbH hat ein neuartiges Getränk hergestellt, das sowohl in einer alkohol-freien Version als auch als alkoholhaltiges Getränk dem Markt angeboten wird. Die Marke heißt „Nadama". Folgende Waren und Dienstleistungen können genutzt werden:

- Nizza-Klasse 32 für Bier und Brauereiprodukte, alkoholfreie Getränke, insbesondere aromatisierte, kohlensäurehaltige Getränke, Säfte, insbesondere Gemüsesäfte, iso-tonische Getränke und Tomatensaft, Wässer, insbesondere Mineralwässer
- Nizza-Klasse 33 für alkoholische Getränke, ausgenommen Bier, Spirituosen, Weine, alkoholische Mixgetränke
- Nizza-Klasse 39 für Transport und Lieferung von Waren, insbesondere Lieferung von Präsentkörben mit Nahrungsmitteln und Getränken und Lieferung von zum Verzehr vorbereiteten Speisen und Getränken

13.3.5 Onlinehandel mit Weinen

Max Kleinmann betreibt über Amazon und Ebay einen lukrativen Weinhandel. Um sich gegen die zunehmende Konkurrenz zu wappnen, möchte er eine Marke „Amor" für seinen Weinhandel aufbauen. Für folgende Klassen kann seine Marke „Amor" beim Markenregister des Patentamts angemeldet werden:

- Nizza-Klasse 35 für Einzel- und Großhandelsdienstleistungen in Bezug auf Nahrungsmittel, Versand von Einzelhandelswaren
- Nizza-Klasse 33 für alkoholische Getränke, insbesondere Weine, Weinbrand, Wein-essig, Weinpunsche, weinhaltige Getränke, insbesondere Weinschorlen, und alkohol-reduzierte Weine
- Nizza-Klasse 21 für Weinflaschenkühler, Weinflaschenöffner, Weingläser und Wein-krüge

13.3.6 Unternehmen der Kosmetikbranche

Die BelArte GmbH hat ein Hautpflegemittel entwickelt und möchte eine Marke „Yahuda" anmelden. Folgende Klassen sind für sie empfehlenswert:

- Nizza-Klasse 3 für nicht-medizinische Mittel für die Körper- und Schönheitspflege, insbesondere Hautpflegemittel, kosmetische Hautpflegemittel, Anti-Aging-Haut-pflegemittel, Kosmetika, Hautpflegelotionen, Gesichtswasser, Eyeliner, Schaum-festiger und Bräunungsöle

- Nizza-Klasse 44 für Hygiene- und Schönheitspflege für den Menschen, insbesondere Beratungen in Bezug auf Kosmetika, Kosmetikbehandlungen für Gesicht und Körper
- Nizza-Klasse 21 für Kosmetik-, Hygiene- und Schönheitspflegeutensilien

13.3.7 Reiseunternehmen

Die Hans & Fritz Busunternehmen GbR möchte zukünftig mit „KaiLu" für ihre Reisen werben. Für folgende Klassen kann die Marke „KaiLu" eingetragen werden:

- Nizza-Klasse 39 für Veranstaltung von Reisen, Organisieren von Reisen, Durchführung von Reisen, Begleitung von Reisenden, Buchungsdienste für touristische Reisen, Veranstaltung und Vermittlung von Reisen
- Nizza-Klasse 43 für Dienstleistungen zur Verpflegung und Beherbergung von Gästen, insbesondere Beherbergungsdienstleistungen für Reisende
- Nizza-Klasse 35 für Werbung, insbesondere für Reisen

13.3.8 Kfz-Reparaturwerkstatt

Eine Kfz-Reparaturwerkstatt will mit der Marke „Alhambra" für ihre Dienstleistungen werben. Für folgende Nizza-Klassen kann die Marke eingetragen werden:

- Nizza-Klasse 37 für Fahrzeugreparatur, -wartung, -betankung und -wiederaufladung, insbesondere Kfz-Karosseriereparaturarbeiten und Autoreinigung
- Nizza-Klasse 12 für Fahrzeuge und Beförderungsmittel, insbesondere Autos und Autobusse, Teile und Zubehör für Fahrzeuge, insbesondere Autoreifen und Autositzbezüge
- Nizza-Klasse 9 für Autoladegeräte, Autobatterien und Autoradios

13.3.9 Reifenhandel

Das Unternehmen Come-and-ride GmbH verkauft exklusiv eine neuartige Reifenentwicklung mit besonders guten Bremseigenschaften. Für diese hochwertigen Reifen soll die Marke „Crab" geschützt werden. Die folgenden Klassen können in die Markenanmeldung aufgenommen werden:

- Nizza-Klasse 35 für Einzel- und Großhandelsdienstleistungen in Bezug auf Reifen für Fahrzeuge, insbesondere Autos, Personenkraftwagen und Lastkraftwagen, Versand von Einzelhandelswaren

- Nizza-Klasse 12 für Fahrzeuge und Apparate für die Personenbeförderung oder den Warentransport auf dem Lande, insbesondere Teile und Zubehör für Fahrzeuge, insbesondere Räder und Reifen für Fahrzeuge, Reifenreparaturzubehör, Reifenabdeckungen, Reifenschutzketten, Reifenlaufflächen, Reifenschläuche, Reifeneinsätze
- Nizza-Klasse 7 für Reifenmontiermaschinen
- Nizza-Klasse 37 für Fahrzeugreparatur, -wartung, -betankung und -wiederaufladung, insbesondere Reifenreparatur, Reifenmontage und Reifenwechsel
- Nizza-Klasse 42 für Reifeninspektion

13.3.10   Automobilzulieferer

Das Unternehmen Müller GmbH & Co. KG stellt fertig konfektionierte Kabelbäume für die Automobilindustrie her. Die Produkte sollen in Zukunft unter dem Label „Zorx" beworben werden. Für die Marke „Zorx" können die folgenden Klassen bestimmt werden:

- Nizza-Klasse 9 für elektrische und elektronische Bauteile, insbesondere Kabel, Drähte, Kabelbäume und elektrische Kabelbäume
- Nizza-Klasse 12 für Autos, Teile und Zubehör für Fahrzeuge, insbesondere Autositze, Autoreifen und Autositzbezüge
- Nizza-Klasse 37 für Fahrzeugreparatur, -wartung, -betankung und -wiederaufladung

13.3.11   Unternehmen des Sondermaschinenbaus

Die Haas GmbH hat eine Zuführvorrichtung entwickelt, der sie den Namen „Hamax" geben möchte. Für die Marke „Hamax" können folgende Klassen angegeben werden:

- Nizza-Klasse 7 für Maschinenteile und Steuerungen für den Betrieb von Maschinen und Motoren, insbesondere Zuführvorrichtungen für Maschinen und Zuführvorrichtungen für Zerkleinerungsmaschinen
- Nizza-Klasse 42 für Dienstleistungen von Ingenieuren, insbesondere Ingenieurdienstleistungen im Maschinenbau
- Nizza-Klasse 9 für Software zur Überwachung, Analyse, Steuerung und Ausführung von Vorgängen in der physischen Welt, insbesondere Software für den Maschinenbau

13.3.12   Fahrradhersteller

Die GoodRide GbR möchte sich eine Marke für ihr neues Vollaluminium-Fahrrad sichern lassen. Die Marke soll „myMorningStar" lauten. Folgende Nizza-Klassen sind zu empfehlen:

- Nizza-Klasse 12 für Fahrräder, Teile und Zubehör für Fahrzeuge, insbesondere Fahrradhupen, Fahrradräder, Fahrradhelme, Fahrradrahmen, Fahrradreifen, Fahrradbremsen und Fahrradpumpen
- Nizza-Klasse 11 für Fahrradlampen und Fahrradblinker
- Nizza-Klasse 9 für Fahrradhelme
- Nizza-Klasse 39 für Vermietung von Fahrrädern

13.3.13 Unternehmen der chemischen Industrie

Die Cerax GmbH stellt chemische Zwischenprodukte für die chemische Industrie her. Diese Produkte sollen zukünftig mit dem Namen „Ceracurax" gekennzeichnet werden. Folgende Nizza-Klassen können für die Marke „Ceracurax" eingetragen werden:

- Nizza-Klasse 1 für chemische Substanzen, chemische Materialien und chemische Präparate sowie natürliche Elemente, insbesondere chemische Zwischenprodukte für die Industrie und chemische Zwischenprodukte für die Fertigung
- Nizza-Klasse 42 für wissenschaftliche und technologische Dienstleistungen, insbesondere Dienstleistungen eines Chemieingenieurs, Durchführung von Chemieanalysen, Laborforschung im Bereich der Chemie

13.3.14 Bauunternehmen

Das Bauunternehmen Hans Fritz & Söhne GbR bietet ein schlüsselfertiges Fertighaus an. Dieses Fertighaus soll dem Markt mit dem Namen „MuXXXL" angeboten werden. Folgende Nizza-Klassen können der Hans Fritz & Söhne GbR für ihre Marke „MuXXXL" empfohlen werden:

- Nizza-Klasse 37 für Bau-, Montage- und Abbrucharbeiten, insbesondere Hausbauarbeiten, Gebäudeinstandhaltung und -reparatur, Innen- und Außenreinigung von Gebäuden
- Nizza-Klasse 19 für Baumaterialien und Bauelemente, nicht aus Metall, insbesondere Baumaterialien und Bauelemente aus Sand, Stein, Fels, Ton, Mineralien, Beton, Holz, Holzimitaten, Türe, Tore, Fenster und Fensterabdeckungen
- Nizza-Klasse 17 für Isolier-, Dämm- und Barrierematerialien, insbesondere Artikel und Materialien zur Wärmeisolierung, Artikel und Materialien zur Elektroisolierung und Artikel und Materialien zur Schalldämmung

13.3.15 Dachdecker

Der Dachdeckermeister Maier möchte seine Dienstleistungen unter der Marke „Sorom"
anbieten. Folgende Klassen können ihm empfohlen werden:

- Nizza-Klasse 37 für Baudienstleistungen, insbesondere Dachdeckung, Dachein-
  deckung und Dachdeckerarbeiten, Installationsarbeiten und Reparaturdienstleistungen,
  insbesondere Dachreparatur, Dachreparaturarbeiten und Dachausbesserungsarbeiten
- Nizza-Klasse 6 für Baumaterialien und Bauelemente aus Metall, insbesondere Dach-
  blech, Dachwinkeleisen, metallische Dachplatten und metallische Dachrinnen
- Nizza-Klasse 19 für Baumaterialien und Bauelemente nicht aus Metall, insbesondere
  Dachhäute, Dachbahnen, Dachzement, Dachschiefer, Dachschindeln, Dachschalungs-
  bretter, Dachdeckungsmaterialien, geteerte Dachpappe, Bitumen-Dachpappe und
  Asphalt-Dachpappe

13.3.16 Installateur

Der Installateur Müller möchte für sein Unternehmen die Marke „Rex" anmelden und
damit für seine Dienstleistungen werben. Folgende Klassen können empfohlen werden:

- Nizza-Klasse 37 für Baudienstleistungen; Installationsarbeiten, insbesondere
  Installation von Rohrleitungen, Reparaturdienstleistungen, Instandhaltung von Sanitär-
  technik und Installation von Sanitäranlagen
- Nizza-Klasse 11 für Sanitäranlagen, Sanitärkeramik, sanitäre Einrichtungen, sanitäre
  Wasserarmaturen, Sanitärarmaturen, insbesondere Ventile, Abflussrohre und Hähne,
  Sanitärwaren aus Steingut, Edelstahl oder Porzellan, Spülkästen als Sanitärgeräte und
  Siphoneinsätze für Sanitärkeramik
- Nizza-Klasse 6 für Baumaterialien und Bauelemente aus Metall, insbesondere
  Leitungen, Rohre und Schläuche sowie Zubehör hierfür, einschließlich Ventile

13.3.17 Architekt

Der Architekt Jost Baron möchte eine Marke für sein Architekturbüro eintragen lassen.
Die Marke soll „Yoorboon" heißen. Für folgende Klassen kann die Marke „Yoorboon"
angemeldet werden:

- Klasse 42 für Architektur- und Stadtplanungsdienstleistungen, insbesondere Dienstleistungen eines Architekten, Architekturdienste, Architekturberatung, architektonische Beratungsdienstleistungen, architektonische Planungsdienstleistungen
  und computergestützte Gestaltungsdienstleistungen bezüglich Architektur

- Klasse 19 für Baumaterialien und Bauelemente, nicht aus Metall, insbesondere Holz zum Bauen und Spanplatten zum Bauen
- Klasse 6 für Baumaterialien und Bauelemente aus Metall, insbesondere Metallteile für architektonische Zwecke

13.3.18 Textilbetrieb

Die TextilBest GmbH stellt eine neue Textilie mit einem schmutzabweisenden Effekt her. Dieses Alleinstellungsmerkmal soll durch die Marke „Mariba" herausgestrichen werden. Die Marke „Mariba" kann für die folgenden Klassen angemeldet werden:

- Nizza-Klasse 24 für Stoffe, Textilwaren und Textilersatzstoffe, insbesondere Möbelüberzüge, Gardinen und Vorhänge, Wandbehänge und Haushaltswäsche, insbesondere Küchenwäsche und Tischwäsche, Bettwäsche und Decken und Badwäsche
- Nizza-Klasse 40 für Materialbearbeitung und -umwandlung, insbesondere Textil-, Leder- und Fellbearbeitung, insbesondere Imprägnierung von Textilien, Wasserdichtmachen von Textilien, Färben von Textilien, Veredeln von Textilien und Laminieren von Textilien
- Nizza-Klasse 7 für Materialfertigungs- und -bearbeitungsmaschinen, insbesondere Textilfertigungsmaschinen und Reinigungsmaschinen für Textilien

13.3.19 Onlinehandel mit Kleidung

Das Unternehmen Bekleidungsmanufaktur GmbH vertreibt über das Internet eine eigene Kollektion von Männerbekleidung. Die neue Frühjahrskollektion soll unter der Marke „Softex" angepriesen werden. Folgende Klasse eignen sich für eine Markenanmeldung:

- Nizza-Klasse 35 für Einzel- und Großhandelsdienstleistungen in Bezug auf Kleidung und Textilien, Versand von Einzelhandelswaren
- Nizza-Klasse 25 für Kopfbedeckungen und Bekleidungsstücke
- Nizza-Klasse 26 für Accessoires für Bekleidung, insbesondere künstliche Perlen als Kleidungsbesatz, Silberstickereien für Kleidungsstücke, Ösen für Kleidung und Broschen, Nähartikel und schmückende textile Artikel

13.3.20 Softwarehaus

Die Best Software GmbH hat eine neue Finanzbuchhaltungssoftware für den Mittelstand entwickelt und möchte sich eine Marke „Pasqale" schützen lassen. Folgende Klassen sind zu empfehlen:

- Nizza-Klasse 9 für die Waren Software, insbesondere Buchhaltungssoftware, Softwarepakete, herunterladbare Software, Kommunikations- und Netzwerksoftware sowie Software für soziale Netzwerke, Software für die Daten- und Dateiverwaltung sowie für Datenbanken, Büro- und Unternehmensanwendungssoftware
- Nizza-Klasse 42 für Softwareerstellung, Softwareengineering, Vermietung von Computerhardware und -anlagen, IT-Beratungs-, -Auskunfts- und -Informationsdienstleistungen und IT-Sicherheits-, -Schutz- und -Instandsetzungsdienste
- Nizza-Klasse 35 für computergestützte Buchhaltung, computergestützte Buchhaltungsdienste, Buchführung, Buchhaltung und Buchprüfung

13.3.21   Webdesigner

Die GoodLook GmbH bietet ihren Kunden hochprofessionelle auf die besonderen Bedürfnisse zugeschnittene Webpräsenzen an. Seit kurzem wird ein Selbstbaukasten für einfache Websites angeboten. Für dieses neue Produkt wurde der Name „Alhambra" entwickelt. Folgende Klassen können empfohlen werden:

- Nizza-Klasse 9 für Anwendungssoftware, Kommunikations- und Netzwerksoftware sowie Software für soziale Netzwerke, Webanwendungen und Serversoftware, Content-Management-Software
- Nizza-Klasse 42 für Erstellung von Internet-Websites, Gestaltung von Internet-Websites und Hosting von Internet-Portalen
- Nizza-Klasse 38 für Telekommunikationsdienstleistungen, internetbasierte Telekommunikationsdienste, Bereitstellung des Zugriffs auf Inhalte, Webseiten und Internetportale

13.3.22   Computerhandel

Die Best Software GmbH betreibt eine kleine Kette von Einzelhandelsgeschäften und bietet in ihren Geschäften eine hochwertige Beratung und den Verkauf von Computern mit passender Anwendungssoftware an. Zukünftig möchte die Best Software GmbH ihre Dienstleistungen unter der Marke „Zeus" anbieten. Für die Markenanmeldung können folgende Waren und Dienstleistungen bestimmt werden:

- Nizza-Klasse 35 für Einzel- und Großhandelsdienstleistungen, insbesondere Dienstleistungen des Einzelhandels für Computersoftware, Einzelhandelsdienstleistungen in Bezug auf Computerhardware und Computersoftware
- Nizza-Klasse 42 für Softwareberatung, Softwareerstellung, Softwareentwicklung, Softwareengineering und Softwareerstellungsleistungen

- Nizza-Klasse 9 für Computer, Computermaus, Computerteile, Computerkabel, Computerserver, Computerdrucker, Computermonitore, Computerhardware, Computersoftware und Computernetze, Software, Softwarepakete

13.3.23   Onlinehandel mit Spielzeug

Die Best Toy GmbH betreibt einen Onlinehandel für Spielzeug. Die Best Toy GmbH hat sich dazu entschlossen, eine Marke einzuführen, um sich von der Konkurrenz abzugrenzen und nicht mehr mit Wettbewerbsunternehmen verwechselt zu werden. Es hat sich herausgestellt, dass die MyBestToy GmbH einen schlechten Service bietet und scheinbar die Best Toy GmbH mit der MyBestToy GmbH verwechselt wird. Die Best Toy GmbH hatte daher unter dem schlechten Ruf der MyBestToy GmbH zu leiden. Die neue Marke soll „Grip" lauten und kann für die folgenden Klassen beim Patentamt angemeldet werden:

- Nizza-Klasse 35 für Einzel- und Großhandelsdienstleistungen in Bezug auf Spielzeug, Versand von Einzelhandelswaren
- Nizza-Klasse 28 für Spielwaren, Spiele und Spielzeug, insbesondere Spielzeugsets, Spielzeugeimer, Spielzeugtiere, Spielzeugboote, Spielzeugbälle, Spielzeugautos
- Nizza-Klasse 20 für Möbel und Einrichtungsgegenstände, insbesondere Spielzeugkisten

13.4   Präzisieren mit „nämlich"

Eine Waren- oder Dienstleistungsangabe kann präzisiert werden, beispielsweise um sich von einer älteren Marke abzugrenzen.

Beispiel

Eine Marke „Alhambra" ist in der Nizza-Klasse 9 für Anwendungssoftware für medizinische oder chirurgische Anwendungen eingetragen. Eine jüngere Marke „Alhambris" für Anwendungssoftware führt zu einer Verwechslungsgefahr. Eine Konkretisierung der Anwendungssoftware mit der Angabe der besonderen Anwendung kann die Verwechslungsgefahr bannen bzw. zumindest dazu führen, dass der Inhaber der älteren Marke eine Koexistenz der beiden Marken akzeptiert. Beispielsweise kann die jüngere Marke „Alhambris" mit „für Anwendungssoftware, nämlich für Lackierroboter" beschränkt werden und damit eine Kollision mit dem älteren Recht ausgeschlossen werden. ◄

Mit einem Zusatz „nämlich" wird die entsprechende Ware oder Dienstleistung präzisiert. Allerdings ergibt sich hierdurch eine Beschränkung des Schutzumfangs der Marke auf diese besondere Ware oder Dienstleistung.

13.5   Beispiele aufnehmen durch „insbesondere"

Mit einem Zusatz „insbesondere" nach einer Ware oder Dienstleistung können für diese Waren und Dienstleistungen Beispiele angegeben werden. Ein „insbesondere"-Zusatz ist daher nicht, wie ein „nämlich"-Zusatz beschränkend. Ein „insbesondere"-Zusatz kann im Zuge eines Verzichts bzw. einer Beschränkung in einen „nämlich"-Zusatz umgewandelt werden. Der umgekehrte Weg ist nicht möglich.

13.6   Disclaimer

Aus einer Waren- oder Dienstleistungsangabe können durch „außer" bzw. „ausgenommen" einzelne zu benennende Waren und Dienstleistungen ausgenommen werden.

Beispiel

Die Marke „Alhambra" ist in der Nizza-Klasse 9 für Anwendungssoftware für medizinische oder chirurgische Anwendungen eingetragen. Eine jüngere Marke „Alhambris" für Anwendungssoftware führt zu einer Verwechslungsgefahr. Eine Konkretisierung der Anwendungssoftware mit einem Disclaimer könnte die Verwechslungsgefahr bannen. Beispielsweise könnte die Marke „Alhambris" durch „für Anwendungssoftware, außer für medizinische oder chirurgische Anwendungen" beschränkt werden. ◄

13.7   Koexistenz dank unähnlicher Waren und Dienstleistungen

Eine Marke ist nicht nur die Markendarstellung bzw. das Zeichen, sondern eine Marke besteht aus der Kombination des Zeichens mit bestimmten Waren und Dienstleistungen. Eine Marke ist stets in Zusammenhang mit den eingetragenen Waren und Dienstleistungen zu sehen. Die Marke als eine Kombination eines Zeichens und dazugehörender Waren und Dienstleistungen kann anhand der Marke „Duplo" verdeutlicht werden. Die Marke „Duplo" wurde für zwei Anmelder eingetragen.

Eintragung der Wort-/Bildmarke „Duplo"[5] für LEGO Juris A/S, 7190, Billund, Dänemark, für die nachfolgenden Waren und Dienstleistungen (siehe Abb. 13.1):

- **Klasse 9** für wissenschaftliche, Schifffahrts-, Vermessungs-, elektrische, fotografische, Film-, optische, Wäge-, Mess-, Signal-, Kontroll-, Rettungs- und Unterrichtsapparate

---

[5] EUIPO, „https://www.tmdn.org/tmview/welcome#/tmview/detail/EM500000000500306", abgerufen am 21. Juni 2021.

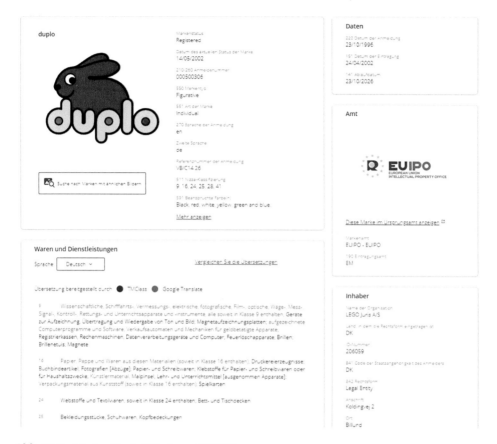

Abb. 13.1   Marke „Duplo" für Lego (EUIPO)

und -instrumente, alle soweit in Klasse 9 enthalten; Geräte zur Aufzeichnung, Übertragung und Wiedergabe von Ton und Bild; Magnetaufzeichnungsplatten; auf-
gezeichnete Computerprogramme und Software; Verkaufsautomaten und Mechaniken
für geldbetätigte Apparate; Registrierkassen, Rechenmaschinen, Datenverarbeitungs-
geräte und Computer; Feuerlöschapparate; Brillen; Brillenetuis; Magnete

- **Klasse 16** für Papier, Pappe und Waren aus diesen Materialien (soweit in Klasse 16
  enthalten); Druckereierzeugnisse; Buchbindeartikel; Fotografien [Abzüge]; Papier-
  und Schreibwaren; Klebstoffe für Papier- und Schreibwaren oder für Haushalts-
  zwecke; Künstlermaterial; Malpinsel; Lehr- und Unterrichtsmittel [ausgenommen
  Apparate]; Verpackungsmaterial aus Kunststoff (soweit in Klasse 16 enthalten); Spiel-
  karten
- **Klasse 24** für Webstoffe und Textilwaren, soweit in Klasse 24 enthalten; Bett- und
  Tischdecken
- **Klasse 25** für Bekleidungsstücke, Schuhwaren, Kopfbedeckungen
- **Klasse 28** für Spiele, Spielzeug; Turn- und Sportartikel (soweit in Klasse 28 ent-
  halten); Christbaumschmuck

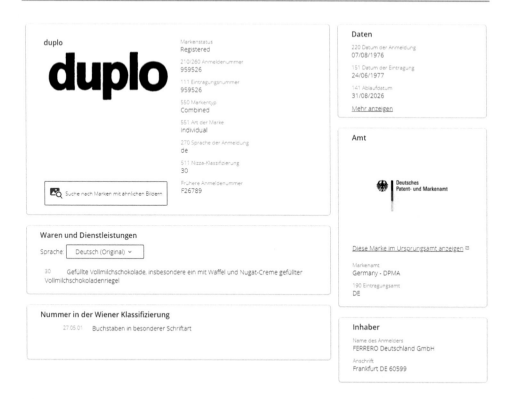

Abb. 13.2   Marke „Duplo" für Ferrero (EUIPO)

- **Klasse 41** für Erziehung und Unterricht; Ausbildung; Unterhaltungsdienstleistungen; kulturelle und sportliche Aktivitäten; Videoband- und Filmproduktion; Dienstleistungen von Vergnügungsparks; Veröffentlichung von Büchern und Texten (ausgenommen Werbetexte).

Außerdem wurde die Wort-/Bildmarke „duplo"[6] der Ferrero Deutschland GmbH (siehe Abb. 13.2) für folgende Waren eingetragen:

- **Klasse 30** für gefüllte Vollmilchschokolade, insbesondere ein mit Waffel und Nugat-Creme gefüllter Vollmilchschokoladenriegel

Die beiden identischen Textbestandteile der Wort-/Bildmarken „Duplo" werden für Waren verwendet, die nicht ähnlich sind. Eine Verwechslungsgefahr liegt nicht vor und

---

[6] EUIPO, „https://www.tmdn.org/tmview/welcome#/tmview/detail/DE500000000959526", abgerufen am 4.10.2021.

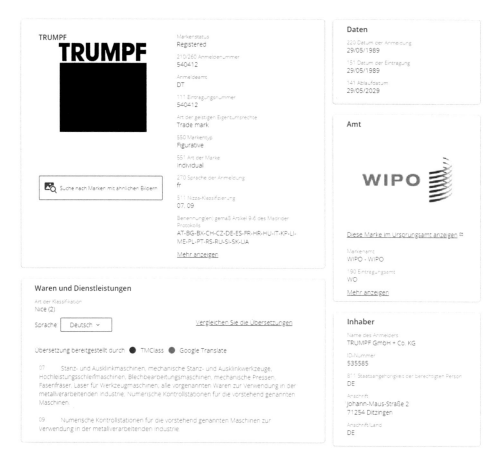

Abb. 13.3   Marke „Trumpf" für die Trumpf GmbH & Co. KG (EUIPO)

die beiden Marken können nebeneinander existieren, ohne zu einer Marktverwirrung der beteiligten Verkehrsteilnehmer zu führen.

Ein weiteres Beispiel zweier Marken unterschiedlicher Inhaber mit identischem Textbestandteil, das die Bedeutung der Waren und Dienstleistungen verdeutlicht, stellen die Marken „Trumpf" dar.

Die Abb. 13.3 zeigt die Wort-/Bildmarke der Trumpf GmbH + Co. KG[7] in Ditzingen. Das Unternehmen ist ein führender Hersteller von Werkzeugmaschinen. Entsprechend ist die Marke „Trumpf" für folgende Nizza-Klassen eingetragen:

---

[7] EUIPO, „https://www.tmdn.org/tmview/welcome#/tmview/detail/WO500000000540412", abgerufen am 4.10.2021.

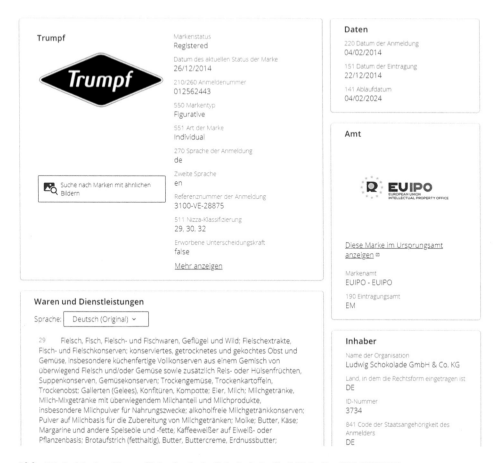

Abb. 13.4 Marke „Trumpf" der Ludwig Schokolade GmbH & Co. KG (EUIPO)

- **Klasse 7** für Stanz- und Ausklinkmaschinen, mechanische Stanz- und Ausklinkwerkzeuge, Hochleistungsschleifmaschinen, Blechbearbeitungsmaschinen, mechanische Pressen, Fasenfräser, Laser für Werkzeugmaschinen; alle vorgenannten Waren zur Verwendung in der metallverarbeitenden Industrie; numerische Kontrollstationen für die vorstehend genannten Maschinen
- **Klasse 9** für numerische Kontrollstationen für die vorstehend genannten Maschinen zur Verwendung in der metallverarbeitenden Industrie

Außerdem hält die Ludwig Schokolade GmbH & Co. KG eine Wort-/Bildmarke „Trumpf"[8] (siehe Abb. 13.4) für nachfolgende Nizza-Klassen:

---

[8] EUIPO, „https://www.tmdn.org/tmview/welcome#/tmview/detail/EM500000012562443", abgerufen am 21. Juni 2021.

- **Klasse 29** für Fleisch, Fisch, Fleisch- und Fischwaren, Geflügel und Wild; Fleisch-extrakte, Fisch- und Fleischkonserven; konserviertes, getrocknetes und gekochtes Obst und Gemüse, insbesondere küchenfertige Vollkonserven aus einem Gemisch von überwiegend Fleisch und/oder Gemüse sowie zusätzlich Reis- oder Hülsenfrüchten, Suppenkonserven, Gemüsekonserven; Trockengemüse, Trockenkartoffeln, Trocken-obst; Gallerten (Gelees), Konfitüren, Kompotte; Eier, Milch; Milchgetränke, Milch-Mixgetränke mit überwiegendem Milchanteil und Milchprodukte, insbesondere Milchpulver für Nahrungszwecke; alkoholfreie Milchgetränkekonserven; Pulver auf Milchbasis für die Zubereitung von Milchgetränken; Molke; Butter, Käse; Margarine und andere Speiseöle und -fette, Kaffeeweißer auf Eiweiß- oder Pflanzenbasis; Brot-aufstrich (fetthaltig), Butter, Buttercreme, Erdnussbutter; Erdnüsse (verarbeitet); Früchte (konserviert, gekocht, tiefgekühlt, kandiert oder in Alkohol); Fruchtgelees; Fruchtmark; Fruchtsalat; Gallerten für Speisezwecke; Gelees für Speisezwecke; Gemüse (konserviert, gekocht, tiefgekühlt); Joghurt; Kakaobutter; Kefir; Kokosbutter; Kokosfett; Kokosnüsse (getrocknet); Kokosöl; Kompotte; Konfitüren; Mandeln und Nüsse (verarbeitet); Marmeladen; Obstsalat; Pflanzensäfte für die Küche; Rosinen; Schlagsahne; Speisegelatine; Speisetalg; vorgenannte Waren der Klasse 29 auch als diätetische Lebensmittel für nichtmedizinische Zwecke und, soweit möglich, auch in Instantform; Früchtescheiben
- **Klasse 30** für Kaffee; Kaffeeersatzmittel; Tee, Fruchttee und Kräutertee für nicht-medizinische Zwecke; Kakao und Kakaopulver, koffeinhaltige, kakaohaltige und/oder schokoladehaltige Getränkepulver; Kaffeegetränke, Teegetränke, Kakaogetränke; Trinkschokolade; Cappuccino-Getränke und -getränkepulver; süße Brotaufstriche, nämlich Nuss-Nougat-Cremes und Schokoladencremes; Nusspasten; Schokolade und Schokoladewaren, insbesondere Schokoladetafeln, auch in Form portionierter Einzelstücke; Pralinen, auch mit flüssiger Füllung, insbesondere aus Weinen und Spirituosen; Müsli- und Schokoladeriegel, insbesondere gefüllte Riegel, auch mit Karamell und/oder Nüssen und/oder Nusssplittern; feine Backwaren (süß und salzig) und Konditorwaren; Dauerbackwaren, auch solche mit Überzügen aus Fettglasuren oder Schokolade und Nuss- oder Mandelsplittern; Zuckerwaren, insbesondere Kau-bonbons, einschließlich Fruchtkaubonbons; geformte Schokolade- und Zuckerwaren, insbesondere Figuren und Figurensortimente; Zucker; Dragees (Zuckerwaren) und Kaugummis für nichtmedizinische Zwecke; gefüllte Schokolade; Schokoladenhohl-körper mit innen liegendem Spielzeug und/oder Kleinspielzeug; Speiseeis; Reis, Grütze für Nahrungszwecke; Mehle und Getreidepräparate, Teigwaren; Brot; Honig; Backpulver; Puddingkonserven; alkoholfreie Kakaogetränkkonserven; alle vor-genannten Waren der Klasse 30 auch für diätetische, nichtmedizinische Zwecke und, soweit möglich, auch in Instantform
- **Klasse 32** für Biere; Mineralwässer, kohlensäurehaltige Wässer und andere alkohol-freie Getränke; Wässer mit Zusätzen von Koffein, Tee oder Kakao; Fruchtgetränke, Fruchtsäfte und Gemüsesäfte, Fruchtsaftgetränke; isotonische Getränke; Sirupe und andere Präparate für die Zubereitung von Getränken, insbesondere Brausetabletten

und Getränkepulver zur Herstellung von alkoholfreien oder isotonischen Getränken (soweit in Klasse 32 enthalten); sämtliche vorgenannten Waren der Klasse 32 auch für diätetische nichtmedizinische Zwecke und, soweit möglich, auch in Instantform

---

Hinweis

Eine Marke ist als eine Kombination eines Zeichens, der Markendarstellung, und dazugehörender Waren und Dienstleistungen zu verstehen. ◀

13.8   Markeneintragung beschleunigen

Durch ein paar geschickte Schachzüge kann die Eintragung einer Marke beschleunigt werden. Auf alle Fälle sollte die Anmeldegebühr direkt mit der Einreichung der Anmeldeunterlagen bezahlt werden. Das Patentamt wird erst nach Zahlungseingang mit der Bearbeitung der Anmeldeunterlagen beginnen. Natürlich sollten Formfehler vermieden werden, die amtliche Bescheide zur Korrektur nach sich ziehen. Hierbei sollte insbesondere auf die korrekte Angabe des Anmelders geachtet werden. Außerdem sollte die Angabe der Waren und Dienstleistungen entsprechend den Vorgaben der Nizza-Klassifikation vorgenommen werden. Die Angaben der Waren und Dienstleistungen, die in TMclass[9] beschrieben sind, sind zu empfehlen. Die europäischen Patentämter und das EUIPO haben sich auf diese Angaben zu Waren und Dienstleistungen geeinigt.

13.8.1 Leitklasse

Es ist eine der Klassen als sogenannte Leitklasse zu benennen. Der Anmelder ist angehalten, diejenige Klasse als Leitklasse zu wählen, die den zukünftigen wirtschaftlichen Schwerpunkt der Benutzung der Marke darstellt. Anhand der Wahl der Leitklasse wird in aller Regel das Patentamt bestimmen, welche Markenstelle für die Bearbeitung der Markenanmeldung zuständig ist.

Durch die Wahl der Leitklasse kann der Anmelder daher die zuständige Markenstelle bestimmen. Hierbei ist zu berücksichtigen, dass es Markenstellen mit einer hohen Arbeitsbelastung und andere mit einer geringen Arbeitsbelastung gibt. Der Anmelder kann durch die Wahl der Leitklasse seine Anmeldung zu einer Markenstelle mit geringer Arbeitsbelastung leiten und damit eine schnelle Eintragung der Marke ermöglichen.

Eine schnelle Bearbeitung der Markenanmeldung erfolgte in der Vergangenheit insbesondere für die Leitklasse 22. In der Klasse 22 sind insbesondere rohe, textile Fasern und deren Ersatzstoffe, Waren aus Gewebe und Fasern und Polster- und Füllmaterialien

---

[9] EUIPO, „http://euipo.europa.eu/ec2/?lang=de", abgerufen am 31. Mai 2021.

enthalten. Auch mit einer Leitklasse 34 war in der Vergangenheit eine schnelle Bearbeitung garantiert. In der Klasse 34 sind insbesondere Raucherartikel enthalten.

Eine Beschleunigung der Eintragung kann durch das Hinzufügen der Klasse 22 zu einer Markenanmeldung erzielt werden. Hierbei werden 100 € für die zusätzliche Klasse fällig. Die Klasse 22 sollte als Leitklasse gewählt werden. Nach erfolgter Eintragung der Marke kann auf diese Klasse 22 verzichtet werden.

13.8.2 Beschleunigungsantrag

Der Anmelder kann einen Antrag auf beschleunigte Prüfung stellen. Die Anmeldung wird dann vorrangig bearbeitet und das Patentamt garantiert, bei entsprechender Mitwirkung des Anmelders, dass über die Anmeldung innerhalb von sechs Monaten entschieden wird. Das bedeutet, dass die Marke innerhalb von sechs Monaten eingetragen wird, falls keine formalen Mängel oder absoluten Eintragungshindernisse entgegenstehen. Für einen Beschleunigungsantrag wird eine Gebühr von 200 € fällig.[10]

Es kann davon ausgegangen werden, dass ohnehin eine Prüfung der Markenanmeldung innerhalb dieses Zeitraums erfolgt. Aus diesem Grund ist ein Beschleunigungsantrag weniger empfehlenswert. In der Regel ist mit einer üblichen Bearbeitungsdauer von sechs bis zwölf Wochen zu rechnen.

13.9 Markensymbole ®, © und TM

Die Markensymbole ®, © und TM entstammen dem angloamerikanischen Recht. Die Verwendung dieser Symbole ist in Deutschland zulässig, allerdings dürfen die Symbole nicht irreführend verwendet werden. Eine irreführende Benutzung kann abgemahnt werden. Werden die Markensymbole korrekt eingesetzt, kann sich ein positiver Werbeeffekt einstellen. Außerdem können die Markensymbole potenzielle Verletzer abschrecken, wodurch Widerspruchs- und Löschungsverfahren eventuell vermieden werden.

Die Markensymbole sind nicht in die Markendarstellung aufzunehmen. Die Verwendung der Markensymbole ® und TM wäre dann, zumindest zeitweise, irreführend, da durch die Symbole zeitlich aufeinanderfolgende Zustände einer Marke angezeigt werden. Die Kennzeichnung wäre daher am Anfang oder zu einem späteren Zeitpunkt missbräuchlich. Das dritte Symbol © hat mit dem Markenrecht nichts zu tun hat und ist daher im Zusammenhang mit einer Marke überhaupt nicht zu verwenden.

---

[10] DPMA, „https://www.dpma.de/marken/anmeldung/index.html", abgerufen am 11. Juni 2021.

13.9.1 R im Kreis ®: Registered

Das Symbol ® bedeutet, dass die derart gekennzeichnete Marke im Markenregister eingetragen ist. Das ®-Symbol darf daher nicht bei einer Marke verwendet werden, die noch nicht eingetragen wurde, sondern erst angemeldet. Nach dem deutschen Markenrecht kann eine eingetragene Marke mit dem ®-Symbol gekennzeichnet werden, um den beteiligten Verkehrskreisen zu signalisieren, dass ein Markenschutz besteht.

Es ist darauf zu achten, dass eine Markendarstellung ausschließlich in der Weise mit dem ®-Symbol zu kennzeichnen ist, wie es in dem Register eingetragen wurde, also vollständig und nicht verfälscht. Mit dem ®-Symbol ist daher die ganze Marke zu kennzeichnen und nicht einzelne Bestandteile, beispielsweise nur der Wortbestandteil einer Wort-/Bildmarke.

Eine nicht zulässige Verwendung des ®-Symbols liegt außerdem vor, falls die derart gekennzeichnete Marke im Zusammenhang mit Waren und Dienstleistungen verwendet wird, für die die Marke nicht eingetragen wurde.

13.9.2 TM: Trademark

Der Zusatz „TM" kennzeichnet im angloamerikanischen Rechtssystem Marken, die zwar angemeldet wurden, die aber noch nicht in das Markenregister eingetragen sind. In Deutschland ist die rechtliche Situation uneinheitlich. Das Münchner Landgericht sieht eine Irreführung der Verwendung des TM-Symbols, falls das Symbol für eine angemeldete Marke verwendet wird, die noch nicht eingetragen wurde.[11] Das Landgericht München setzt daher die Bedeutung des TM-Symbols der des ®-Symbols gleich. Das Landgericht Essen hält im Gegensatz dazu die Verwendung des TM-Symbols für eine nur angemeldete Marke für nicht irreführend.[12] Die Verwendung des TM-Symbols birgt daher ein gewisses Gefahrenpotenzial.

13.9.3 C im Kreis ©: Copyright

Das Symbol © kennzeichnet ein Urheberrecht und kein Markenrecht. Ein Urheberrecht entsteht allein durch die Schöpfung eines Werks und muss nicht in ein Register, wie bei einer Marke, aufgenommen werden, um seine Schutzwirkung zu entfalten.

Ein Urheberrecht entsteht beispielsweise durch die Schaffung eines Logos durch einen Designer. Der Designer ist der Entwerfer des Logos und kann das Logo mit einem ©-Symbol kennzeichnen. Ein Lizenznehmer des Logos wird durch die Lizenznahme nicht zum Entwerfer. Dem Lizenznehmer ist es daher trotz Lizenz nicht erlaubt, das ©-Symbol zu verwenden. Ansonsten würde sich der Lizenznehmer als Urheber ausgeben, der er nicht ist.

---

[11] Landgericht München I, 23.7.2003, 1 HK O 1755/03.

[12] Landgericht Essen, 4.6.2003, 44 O 18/03.

13.10 Anmelden einer deutschen Marke

Es werden die unterschiedlichen Möglichkeiten der Einreichung einer Anmeldung einer deutschen Marke vorgestellt.

13.10.1 Anmelden per Post oder Fax

Unter dem Link „https://www.dpma.de/docs/formulare/marken/w7005.pdf" kann das Anmeldeformular W 7005/1.19 für eine deutsche Marke heruntergeladen werden.[13]

Auf der ersten Seite des Formulars ist in dem Kasten (1) der Name und die Adresse anzugeben, an die Sendungen des Patentamts gerichtet werden sollen (siehe Abb. 13.5). Hat der Anmelder keinen Patentanwalt als Vertreter, gibt er in dem Kasten (1) seine Daten an und muss den Kasten (3) nicht ausfüllen.

Wird die Anmeldung per Fax versendet, kann sie zusätzlich per Post übermittelt werden. In diesem Fall ist in dem Kasten rechts oben das obere Kästchen anzukreuzen und das Datum der Faxübermittlung einzutragen. Eine Wortmarke kann ausschließlich per Faxübermittlung an das Patentamt eingereicht werden. In diesem Fall ist das untere Kästchen anzukreuzen. Diese Angaben erleichtern dem Patentamt die Zuordnung von Faxübermittlung und eventueller postalischer Nachsendung derselben Anmeldung.

Auf der zweiten Seite des Anmeldeformulars kann in Kasten (5) oben eine Wortmarke eingetragen werden. Darunter kann angegeben werden, dass noch ein Zusatzblatt oder das Formular W 7005.1/1.19 beigefügt wird, auf dem die Darstellung einer Bildmarke oder einer Wort-/Bildmarke wiedergegeben wird. Die Markenform wird im Kasten (6) angegeben (siehe Abb. 13.6).

Auf der dritten Seite sind im Kasten (9) die Nizza-Klassen und die gewünschten Begriffe aus den Nizza-Klassen einzutragen. Wird eine Priorität in Anspruch genommen, kann dies im Kasten (11) vermerkt werden (siehe Abb. 13.7).

Auf der vierten Seite des Anmeldeformulars kann in Kasten (12) eine beschleunigte Prüfung beantragt werden. Eine beschleunigte Prüfung führt zur Fälligkeit einer Amtsgebühr von 200 €. In Kasten (14) kann die Zahlweise gewählt werden (siehe Abb. 13.8).

Auf der fünften Seite ist unbedingt der Antrag zu unterschreiben. Andernfalls wird kein wirksamer Antrag beim Patentamt eingereicht (siehe Abb. 13.9).

Auf dem Zusatzformular „Anlage zum Anmeldeformular" W 7005.1/1.19[14] kann eine Bildmarke oder eine Wort-/Bildmarke abgebildet werden. Alternativ kann ein zusätzliches Blatt DIN A4 zur Darstellung der Marke beigefügt werden (siehe Abb. 13.10).

---

[13] DPMA, „https://www.dpma.de/docs/formulare/marken/w7005.pdf", abgerufen am 11. Juni 2021.

[14] DPMA, „https://www.dpma.de/docs/formulare/marken/w7005_1.pdf", abgerufen am 11. Juni 2021.

Deutsches
Patent- und Markenamt

Deutsches Patent- und Markenamt
80297 München

‖‖‖‖‖‖‖‖‖‖‖‖‖‖‖‖‖‖‖‖‖
W 7 0 0 5   1 . 1 9   1

(1)	**Sendungen**		**Antrag auf**	

Sendungen
des Deutschen Patent- und Markenamts sind zu richten an
Name, Vorname oder Firma

**Antrag auf
Eintragung einer Marke
in das Register**

3

Straße, Hausnummer/ggf. Postfach

☐ per Telefax   TT   MM   JJJJ
  vorab am

☐ **nur** per Telefax *(nur bei reinen Wortmarken möglich)*
  an Telefaxnummer +49 89 2195 - 4000

Postleitzahl   Ort

Land *(nur bei ausländischen Adressen)*

(2)   Kontaktdaten

Telefonnummer des Anmelders/Vertreters   Geschäftszeichen des Anmelders/Vertreters

Telefaxnummer des Anmelders/Vertreters   E-Mail-Adresse des Anmelders/Vertreters

(3)
nur
auszu-
füllen,
wenn
abwei-
chend
von
Feld
(1)

Anmelder   ☐   **weitere Anmelder/vertretungsberechtigte Gesellschafter einer GbR siehe Anlage** *(bitte
                         Formular W 7005.0 oder ein separates Blatt DIN A4 bzw. einen Datenträger verwenden)*

Name, Vorname/Firma *(ggf. einschließlich Rechtsform entsprechend registerrechtlicher Eintragung)*

Straße, Hausnummer *(kein Postfach)*

Postleitzahl   Ort   **Land** *(nur bei ausländischen Adressen)*

(4)   Vertreter des Anmelders
       (Rechts- oder Patentanwalt, Patentassessor)

Name, Vorname/Bezeichnung

Straße, Hausnummer

Postleitzahl   Ort   **Land** *(nur bei ausländischen Adressen)*

ggf. Nummer der Allgemeinen Vollmacht

Abb. 13.5 Anmeldeformular DE-Marke Seite 1 (DPMA)

---

(5)   **Markendarstellung** *(pro Anmeldung nur eine Marke)*

☐ _____

(Wortmarke)

oder

☐   **siehe Anlage** *(Anlage zwingend erforderlich für alle Markenformen, ausgenommen Wortmarken; bitte Formular W 7005.1 oder ein separates Blatt DIN A4 bzw. einen Datenträger verwenden)*

❗ Ein ® sollte der Markendarstellung nicht schon bei der Anmeldung hinzugefügt werden, da unter Umständen eine Zurückweisung wegen Täuschungsgefahr gemäß § 8 Abs. 2 Nr. 4 Markengesetz in Betracht kommen kann.

---

(6)   **Markenform**

☐   **Wortmarke** *(Wörter, Buchstaben, Zahlen, sonstige Schriftzeichen ohne grafische und/oder farbige Ausgestaltung)*

☐   **Wort-/Bildmarke** *(Kombination aus Wort und/oder Zahl und Bild, grafisch und/oder farbig gestaltete Wörter)*

☐   **Bildmarke** *(zweidimensionale Bilder ohne Wort- und/oder Zahlelemente)*

☐   **Dreidimensionale Marke** *(dreidimensionale Gestaltungen)*

☐   **Farbmarke** *(z.B. abstrakte Farbe oder Kombination aus mehreren Farben; als Markendarstellung Feld (5) ist ein Farbmuster einzureichen)*
Bezeichnung der Farbe/n nach einem international anerkannten Farbklassifikationssystem (z.B. RAL, Pantone, HKS)

_____

☐   Beschreibung der Anordnung der Farben zueinander (räumliche Anordnung und Größenverhältnis) ist als Anlage beigefügt
(nur erforderlich bei einer Kombination der Marke aus mehreren Farben)

☐   **Klangmarke**   *(akustisch hörbare Töne/Melodien; als Markendarstellung (Feld (5)) ist eine Notenschrift oder eine Wiedergabe auf einem Datenträger einzureichen)*

☐   **Andere Markenform** *(Positionsmarke, Kennfadenmarke, Mustermarke, Bewegungsmarke, Multimediamarke, Hologrammmarke, sonstige Marke)*

nämlich _____

(bitte nur eine der genannten Markenformen angeben)

☐   **Markenbeschreibung ist als Anlage beigefügt**
(nur erforderlich, wenn die Markendarstellung den Schutzgegenstand – in objektiver Weise – nicht hinreichend bestimmt; darf maximal 150 Wörter in einem fortlaufenden Text und keine grafischen oder sonstigen Gestaltungselemente enthalten; bitte Formular W 7005.2 oder ein separates Blatt DIN A4 bzw. einen Datenträger verwenden)

---

(7)   **Farbangaben zur Markendarstellung** *(nicht auszufüllen bei Wortmarken, Klangmarken und Farbmarken)*

☐   Die Markendarstellung enthält **farbige** Elemente und zwar in folgenden Farben
(bitte allgemeine Farbnamen angeben, z.B. gelb, weiß, rot, grün, schwarz, blau)

_____

---

(8)   **Nichtlateinische Schriftzeichen**

(zwingend auszufüllen, wenn die Marke nichtlateinische Schriftzeichen beinhaltet)

☐   Die Markendarstellung enthält **nichtlateinische** Schriftzeichen

Transliteration (buchstabengetreue Wiedergabe)   _____

Transkription (phonetische Wiedergabe in lateinischen Schriftzeichen)   _____

Übersetzung (in die deutsche Sprache)   _____

☐   Transliteration, Transkription und Übersetzung sind als Anlage beigefügt
(bitte Formular W 7005.3 oder ein separates Blatt DIN A4 bzw. einen Datenträger verwenden)

Beispiel für „Буква"	
Transliteration	Bukva
Transkription	Bukwa
Übersetzung	Buchstabe

Abb. 13.6   Anmeldeformular DE-Marke Seite 2 (DPMA)

(9) Verzeichnis der Waren und/oder Dienstleistungen

(zwingend auszufüllen)

☐ Verzeichnis der Waren und/oder Dienstleistungen ist als Anlage beigefügt *(bitte Formular W 7005.4 oder ein separates Blatt DIN A4 bzw. einen Datenträger verwenden)*

Bitte gruppieren Sie Ihr Verzeichnis nach Klassen und trennen Sie die einzelnen Waren und/oder Dienstleistungen innerhalb der angegebenen Klassen durch Semikola voneinander. Nutzen Sie für die Erstellung, soweit möglich, die harmonisierten und zulässigen Begriffe der einheitlichen Klassifikationsdatenbank (eKDB).

Leitklassenvorschlag des Anmelders _____

Klassen	Waren und/oder Dienstleistungen *(zwingend zu benennen; nur Angabe der Klassen nicht ausreichend)*

(10) Serienanmeldung

☐ Die Anmeldung ist Bestandteil **einer Serie** von Markenanmeldungen *(Vorblatt W 7002 bitte zwingend ausfüllen und beifügen)*

☐ Die Serie enthält identische Waren-/Dienstleistungsverzeichnisse

Diese Anmeldung ist Nummer _____ von _____ Anmeldungen

(11) Priorität

☐ **Ausländische Priorität**
Kopie/Abschrift der ausländischen Voranmeldung

☐ ist beigefügt
☐ wird nachgereicht

Datum	Staat	Aktenzeichen

☐ **Ausstellungspriorität**   ☐ **Ausstellungsbescheinigung** *(Formular W 7708 bitte ausfüllen und beifügen)*

Bezeichnung der Ausstellung

Abb. 13.7 Anmeldeformular DE-Marke Seite 3 (DPMA)

(12) Sonstige Anträge

☐ Antrag auf **beschleunigte Prüfung** nach § 38 Markengesetz *(gebührenpflichtig)*

☐ Antrag auf Eintragung als **Kollektivmarke** nach §§ 97 ff. Markengesetz *(nicht für Privatpersonen möglich; Markensatzung zwingend erforderlich – vgl. Feld (15), Anlagen)*

☐ Antrag auf Eintragung als **Gewährleistungsmarke** nach §§ 106a ff. Markengesetz *(nicht für Hersteller/Lieferanten möglich; Markensatzung zwingend erforderlich - vgl. Feld (15), Anlagen)*

☐ Antrag auf **internationale Registrierung** dieser Markenanmeldung liegt bei *(Begleitschreiben M 8005 und Formblatt der WIPO MM2 – vgl. Feld (15), Anlagen)*

(13) Sonstige Erklärungen

Der Anmelder ist bereit zur

☐ **Lizenzierung der Marke** (§ 42c MarkenV)

☐ **Veräußerung der Marke** (§ 42c MarkenV)

(14) Gebührenzahlung in Höhe von _____ €

Zahlung per Banküberweisung

☐ **Überweisung**
   (dreimonatige Zahlungsfrist beachten)

   Zahlungsempfänger:
   Bundeskasse Halle/DPMA
   IBAN: DE84 7000 0000 0070 0010 54
   BIC (SWIFT-Code): MARKDEF1700

   Anschrift der Bank:
   Bundesbankfiliale München
   Leopoldstr. 234, 80807 München

Zahlung mittels SEPA-Basis-Lastschrift

☐ Ein gültiges **SEPA-Basis-Lastschriftmandat** (*Formular A 9530*)

   ☐ liegt dem DPMA bereits vor *(Mandat für mehrmalige Zahlungen)*

   ☐ ist beigefügt

☐ **Angaben zum Verwendungszweck** (*Formular A 9532*) des Mandats mit Mandatsreferenznummer sind beigefügt

! Wird die Anmeldegebühr nicht innerhalb von 3 Monaten nach dem Tag des Eingangs der Anmeldung gezahlt, so gilt die Anmeldung als zurückgenommen. Bitte beachten Sie, dass die Prüfung der Schutzfähigkeit der Marke erst nach Zahlungseingang beginnt.

(15) Anlagen   ☐ in Papierform beigefügt   ☐ auf beiliegendem Datenträger (*zulässige Datenträgerformate*)

☐ **Angaben zu weiteren Anmeldern** (*Formular W 7005.0*, separates Blatt DIN A4-Format oder pdf-Datei) – Feld (3)

☐ **Markendarstellung** (*Formular W 7005.1*, separates Blatt DIN A4-Format oder Datei) – Feld (5)

☐ **Markenbeschreibung** (*Formular W 7005.2*, separates Blatt DIN A4-Format oder pdf-Datei) – Feld (6)

☐ **Transliteration, Transkription und Übersetzung** (*Formular W 7005.3*, separates Blatt DIN A4-Format oder pdf-Datei) – Feld (8)

☐ **Verzeichnis der Waren und/oder Dienstleistungen** (*Formular W 7005.4*, separates Blatt DIN A4-Format oder pdf-Datei) – Feld (9)

☐ **Prioritätsunterlagen** (*Formular W 7708*, separates Blatt DIN A4-Format oder pdf-Datei) – Feld (11)

☐ **Markensatzung** (ungebunden im DIN A4-Format oder pdf-Datei) – Feld (12)

☐ **Antrag auf internationale Registrierung** (Begleitschreiben M 8005 und Formblatt der WIPO MM2) – Feld (12)

☐ _____

Abb. 13.8 Anmeldeformular DE-Marke Seite 4 (DPMA)

(16) **Unterschrift**

Der Unterschrift ist der Name in Druckbuchstaben oder Maschinenschrift hinzuzufügen; bei Firmen die Bezeichnung entsprechend registerrechtlicher Eintragung mit Angabe der Stellung/Funktion des Unterzeichnenden.

**Bitte beachten Sie hinsichtlich der Verarbeitung Ihrer personenbezogenen Daten unser Merkblatt
A 9106 „Datenschutz bei Schutzrechtsanmeldungen". Dieses finden Sie unter www.dpma.de:
Service – Formulare – Sonstige Formulare – Hinweise zum Datenschutz.**

! **Die Daten Ihrer Anmeldung werden in dem elektronischen Schutzrechtsauskunftssystem
DPMAregister veröffentlicht (§ 33 Abs. 3 MarkenG).**

Datum

Unterschrift/en *(bei Anmeldergemeinschaften die Unterschriften aller Anmelder),*
ggf. *Firmenstempel*

Funktion/en der/des Unterzeichner/s

Abb. 13.9 Anmeldeformular DE-Marke Seite 5 (DPMA)

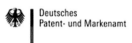
Deutsches
Patent- und Markenamt

Anlage zum Anmeldeformular

Geschäftszeichen des Anmelders/Vertreters	Datum der Anmeldung
	TT MM JJJJ

Markendarstellung

Nach Eingang des Antrags beim DPMA kann die angemeldete Marke nicht mehr verändert werden.
Reichen Sie Ihre Marke daher so ein, wie sie geschützt werden soll.

! Ein ® sollte der Markendarstellung nicht schon bei der Anmeldung hinzugefügt werden, da dies unter Umständen zu einer Zurückweisung der Anmeldung wegen Täuschungsgefahr gemäß § 8 Abs. 2 Nr. 4 Markengesetz führen kann.

Abb. 13.10 Zusatzformular W 7005.1/1.19 (DPMA)

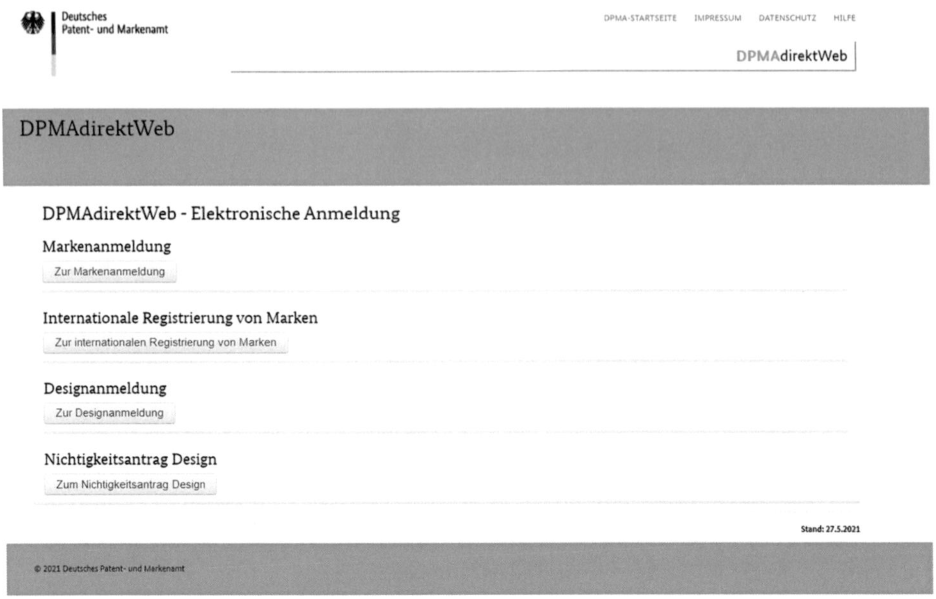

Abb. 13.11   DPMAdirektWeb (DPMA)

13.10.2   Online-Anmeldung

Das deutsche Patentamt bietet eine Möglichkeit der Online-Anmeldung einer Marke an. Die Nutzung des Service DPMAdirektWeb ist ohne Signatur-Karte und Kartenlesegerät möglich.

Unter dem Link „https://direkt.dpma.de/dpmadirektweb/index.xhtml"[15] findet man die erste Maske des Markenanmeldetools des deutschen Patentamts (siehe Abb. 13.11).

Mit diesem Webtool des deutschen Patentamts können komfortabel die Angaben vorgenommen werden, um eine deutsche Marke anzumelden. Zunächst sind die Daten des Anmelders einzutragen, es folgen die Angaben zur Markendarstellung und zu den Waren und Dienstleistungen.

13.11   Anmelden einer Unionsmarke

Bei der EUIPO ist eine Anmeldung per Fax oder postalisch nicht mehr möglich. Es ist daher nur eine Online-Anmeldung einer Unionsmarke zulässig.

---

[15] DPMA, „https://direkt.dpma.de/dpmadirektweb/index.xhtml", abgerufen am 21. Juni 2021.

Abb. 13.12 EasyFiling-Formular (EUIPO)

Das EUIPO bietet einen Service EasyFiling-Formular an, der insbesondere für KMUs ohne Vertreter geeignet ist (siehe Abb. 13.12).[16]

13.12 Einreichen einer internationalen Registrierung

Eine internationale Registrierung kann direkt beim WIPO oder beim deutschen Patentamt eingereicht werden. Eine Einreichung beim deutschen Patentamt ist nur möglich, falls eine deutsche Marke als Basismarke genutzt wird.

---

[16]EUIPO, „https://euipo.europa.eu/ohimportal/de/apply-now", abgerufen am 16. Juni 2021.

13.12.1 Anmelden per Post oder Fax

Bei der Einreichung einer internationalen Registrierung beim deutschen Patentamt muss das Formular M 8005/12.15[17] des deutschen Patentamts dem Formular MM2[18] der WIPO beigefügt werden.

In dem Formular M 8005/12.15 sind im Kasten (1) die Angaben vorzunehmen, damit das Patentamt Sendungen an den Anmelder übermitteln kann. Im Kasten (7) ist die Zahlweise einzutragen.

Ist der Antrag auf internationale Registrierung eine Erstanmeldung ist im Kasten (4) das obere, linke Kästchen für MM2 anzukreuzen. Außerdem kann im Kasten (4) angegeben werden, ob das Gesuch auf internationale Registrierung auf Basis der Anmeldung oder erst nach Eintragung der Basismarke an die WIPO weitergeleitet werden soll. Erfolgt eine Nachbenennung ist im Kasten (4) das linke, untere Kästchen für MM4 anzukreuzen. Die Unterschrift darf nicht vergessen werden (siehe Abb. 13.13).

Auf der ersten Seite des Anmeldeformulars MM2 der WIPO kann unter Nr. 2 a, b und c der Name, die Adresse und die Email-Adresse des Anmelders eingetragen werden (siehe Abb. 13.14).

Auf der zweiten Seite kann unter Nr. 2 f. die bevorzugte Sprache gewählt werden, in der mit dem EUIPO korrespondiert wird. Es stehen Englisch, Französisch und Spanisch zur Auswahl (siehe Abb. 13.15).

Auf der dritten Seite ist die Berechtigung zum Anmelden einer IR-Marke anzugeben, nämlich dass der Anmelder einen Wohn- oder Geschäftssitz in einem Mitgliedsstaat des Madrider Abkommens oder des Protokolls hat (siehe Abb. 13.16).

Auf der vierten Seite kann die Basismarke unter Nr. 5 angegeben werden. Außerdem kann unter Nr. 6 eine Priorität in Anspruch genommen werden (siehe Abb. 13.17).

Auf der fünften Seite ist unter Nr. 7 die Markendarstellung einzutragen (siehe Abb. 13.18).

Wird eine Wortmarke oder eine Wort-/Bildmarke angemeldet, kann es erforderlich sein, eine Übersetzung unter Nr. 9 b zu liefern (siehe Abb. 13.19).

Auf der siebten Seite sind weitere Angaben zur Markendarstellung einzutragen (siehe Abb. 13.20).

Auf der achten Seite sind die Nizza-Klassen und die Waren und Dienstleistungen einzutragen (siehe Abb. 13.21).

Auf der neunten Seite sind die Länder anzugeben, für die der Markenschutz erstreckt werden soll. Beispielsweise erfolgt eine Erstreckung auf eine Unionsmarke durch Ankreuzen des Kästchens EM (siehe Abb. 13.22).

---

[17] DPMA, Formular M 8005/12.15, „https://www.dpma.de/docs/formulare/marken/m8005.pdf", abgerufen am 11. Juni 2021.

[18] WIPO, Formular MM2, „https://www.wipo.int/export/sites/www/madrid/en/forms/docs/form_mm2.pdf", abgerufen am 11. Juni 2021.

An
Deutsches Patent- und Markenamt
80297 München

DEUTSCHES PATENT- UND MARKENAMT

(1)
Name/Firma
Str./Haus-Nr.
PLZ/Ort
ggf. Postf.

Sendungen des Deutschen Patent- und Markenamts sind zu richten an:

☐ **Internationale Registrierung einer Marke**
Aktenzeichen der Basismarke/-anmeldung
(bitte vollständig angeben)

IR

☐ **Nachträgliche Benennung zu einer IR-Marke**
Aktenzeichen der IR-Marke

☐ **TELEFAX** (+49 89 2195-**4000**) vorab am

(2)

Zeichen des Antragstellers/Vertreters (max. 20 Stellen)	Telefon-Nr. des Ast./Vertr.	Telefax-Nr. des Ast./Vertr.	Datum

(3)
Name/Firma
Str./Haus-Nr.
PLZ/Ort
ggf. Postf.
wenn abweichend von
Feld (1)

Antragsteller   **Vertreter**

(4) Folgendes Antragsformblatt der WIPO/OMPI ist ausgefüllt beigefügt:

☐ MM2   Zutreffendes ankreuzen, wenn die Basismarke noch nicht im Register eingetragen ist:

   ☐ Das Gesuch soll aufgrund der Basis_anmeldung_ an die WIPO/OMPI weitergeleitet werden.
   ☐ Das Gesuch soll erst **nach** Eintragung der Basismarke an die WIPO/OMPI weitergeleitet werden.
   Werden hierzu keine Angaben gemacht, wird das Gesuch aufgrund der Basisanmeldung, also schon vor Eintragung der Basismarke an die WIPO/OMPI weitergeleitet.

☐ MM4

(5) Dem Antrag sind folgende Formblätter beigefügt:

☐ MM17 (Beanspruchung einer Seniorität bei Benennung der Europäischen Gemeinschaft)

☐ MM18 (Benutzungsabsichtserklärung für die USA) (Unbedingt beifügen bei Benennung USA)

(6) Zum Antrag auf internationale Registrierung (MM2) ist

☐ eine Abbildung der Bildmarke bzw. dreidimensionalen Marke beigefügt (in Schwarz-weiß, wenn die Basismarke schwarz-weiß eingetragen bzw. angemeldet ist; in Farbe, wenn die Basismarke farbig eingetragen bzw. angemeldet ist. Bitte Farbangaben nicht vergessen).
   *(Bitte zulässige Größe beachten; mindestens 1,5 cm x 1,5 cm und **maximal 8 cm x 8 cm**)*

(7) **Gebührenzahlung** von _____ Euro

(bei MM2: Gebührennr. 334 100, **180,-- Euro**; bei MM4: Gebührennr. 334 300, **120,-- Euro**)

Die Gebühren sind innerhalb von 1 Monat nach Einreichung der Anmeldung zu zahlen.

Zahlung per Banküberweisung	**Zahlung mittels SEPA-Basis-Lastschrift**
☐ Überweisung (Zahlungsbeleg ist beigefügt) **Zahlungsempfänger:** Bundeskasse Halle/DPMA IBAN: DE84 7000 0000 0070 0010 54 BIC (SWIFT-Code): MARKDEF1700 **Anschrift der Bank:** Bundesbankfiliale München Leopoldstr. 234, 80807 München	☐ Ein gültiges SEPA-Basis-Lastschriftmandat (_Vordruck A 9530_) mit der Mandatsreferenznummer (bitte eintragen): ☐ liegt dem DPMA bereits vor (Mandat für mehrmalige Zahlungen) ☐ ist beigefügt ☐ Angaben zum Verwendungszweck (_Vordruck A 9532_) des Mandats mit der o. g. Mandatsreferenznummer sind beigefügt.

M 8005
12.15

_____
Unterschrift

Abb. 13.13 Anmeldeformular IR-Marke (DPMA)

MM2 (E) – APPLICATION FOR INTERNATIONAL REGISTRATION UNDER THE MADRID PROTOCOL

For use by the applicant:

Number of continuation sheets
for several applicants:

Number of continuation sheets:

Number of MM17 forms:

☐ MM18 form (if applicable, check the box)

Applicant's reference (optional):

For use by the Office of origin:

Office's reference (optional):

1. CONTRACTING PARTY WHOSE OFFICE IS THE OFFICE OF ORIGIN

2. APPLICANT[1]

If there is more than one applicant, indicate the number of applicants and complete the "Continuation Sheet for Several Applicants".

Number of applicants:

(a)   Name:

(b)   Address:

(c)   E-mail address[2]:

---

[1]   If there is more than one applicant, indicate the details for the first applicant only and provide the details requested in the "Continuation Sheet for Several Applicants" attached to this form.

[2]   You **must** indicate the e-mail address of the applicant. If a representative is appointed, the e-mail address of the applicant and of the representative must be different. If you do not indicate the e-mail address of the applicant or it is the same as the e-mail address of the representative, you will receive an irregularity notice and delay the processing of the application. The applicant must ensure that the e-mail address indicated here is correct and kept up to date.
          WIPO will send all communications for this international application and the resulting international registration to the e-mail address of the applicant, <u>unless</u> an alternative e-mail address for correspondence is indicated in item 2(g)(ii) or a representative is appointed in item 4.
          Where a representative is appointed, WIPO will only send communications to the e-mail address of the representative, except for a few communications where the Regulations require that WIPO send a copy to the holder (see the Note for Filing Form MM2).

MM2 (E) – May 2021

Abb. 13.14   Anmeldeformular IR-Marke Seite 1 (WIPO)

MM2 (E), page 2

(d)   Telephone number[3]: _____

(e)   Nationality or legal nature and State of organization[4]:

   (i)   ☐ If the applicant is a **natural person**, indicate the nationality of the applicant:

Nationality of the applicant:	

   (ii) ☐ If the applicant is a **legal entity**, provide **both** of the following indications:

Legal nature of the legal entity:	
State (country) and, where applicable, territorial unit within that State (canton, province, state, etc.), under the law of which the said legal entity has been organized:	

Correspondence details (optional):

(f)   Preferred language for correspondence[5]:   ☐ English   ☐ French   ☐ Spanish

(g)   Alternative address and e-mail address for correspondence[6]:

   (i)   Postal address:

   (ii) E-mail address: _____

---

[3]   Indicating a phone number is not required, but it will allow WIPO to reach you if needed.
[4]   Certain designated Contracting Parties may require these indications; only provide indications in either item (i) or item (ii) but **not** in both items.
[5]   If you do not indicate your preferred language, WIPO will send all communications concerning this international application and the resulting international registration in the language of the international application.
[6]   Use this **only** if you want WIPO to send all communications concerning this international application and the resulting international registration to an address and e-mail address different from those indicated in item 2 (b) and (c).

MM2 (E) – May 2021

Abb. 13.15 Anmeldeformular IR-Marke Seite 2 (WIPO)

3. ENTITLEMENT TO FILE[7]

(a)   Check the appropriate box:

(i)   ☐ where the Contracting Party mentioned in item 1 is a State, the applicant is
a national of that State; or

(ii)   ☐ where the Contracting Party mentioned in item 1 is an organization, the
name of the State of which the applicant is a national:

; or

(iii)   ☐ the applicant is domiciled in the territory of the Contracting Party mentioned
in item 1; or

(iv)   ☐ the applicant has a real and effective industrial or commercial establishment
in the territory of the Contracting Party mentioned in item 1.

(b)   Where the address of the applicant, given in item 2(b), is not in the territory of
the Contracting Party mentioned in item 1, indicate in the space provided below:

(i)   if the box in paragraph (a)(iii) of the present item has been checked, the domicile
of the applicant in the territory of that Contracting Party, or,

(ii)   if the box in paragraph (a)(iv) of the present item has been checked, the address
of the applicant's industrial or commercial establishment in the territory of that
Contracting Party.

---

[7]   If there is more than one applicant, indicate the entitlement details for the first applicant only and provide the
details requested in the "Continuation Sheet for Several Applicants" attached to this form.

MM2 (E) – May 2021

Abb. 13.16 Anmeldeformular IR-Marke Seite 3 (WIPO)

MM2 (E), page 4

4. APPOINTMENT OF A REPRESENTATIVE[8]

(a) Name:

(b) Address:

(c) E-mail address[9]:

(d) Telephone number[10]:

5. BASIC APPLICATION OR BASIC REGISTRATION

Basic application number:		Date of the basic application (dd/mm/yyyy):	
Basic registration number:		Date of the basic registration (dd/mm/yyyy):	

6. PRIORITY CLAIMED

☐ The applicant claims the priority of the earlier filing mentioned below:

Office of earlier filing:

Number of earlier filing (if available):

Date of earlier filing (dd/mm/yyyy):

---

[8] You **must** indicate the name, address and e-mail address of the representative; otherwise, WIPO cannot record the appointment.
[9] When a representative is appointed, WIPO will send all communications concerning this international application and the resulting international registration **only** to the e-mail address of the representative, except for a few communications where the Regulations require that WIPO send a copy to the holder (see the Note for Filing Form MM2). The applicant and the representative must ensure that the e-mail address indicated here is accurate and kept up to date.
[10] Indicating a phone number is not required, but it will allow WIPO to reach your representative if needed.

MM2 (E) – May 2021

Abb. 13.17 Anmeldeformular IR-Marke Seite 4 (WIPO)

If the earlier filing does not relate to all the goods and services listed in item 10, indicate in the space provided below the goods and services to which it does relate:

☐ If several priorities are claimed above, check this box and use a continuation sheet giving the information required for each priority claimed.

7. THE MARK

(a) Place the reproduction of the mark, as it appears in the basic application or basic registration, in the square below.

(b) Where the reproduction in item (a) is in black and white and color is claimed in item 8, place a color reproduction of the mark in the square below.

(c) ☐ The applicant declares that the mark is to be considered as a mark in standard characters.

(d) ☐ The mark consists exclusively of a color or a combination of colors as such, without any figurative element.

MM2 (E) – May 2021

Abb. 13.18 Anmeldeformular IR-Marke Seite 5 (WIPO)

8. COLOR(S) CLAIMED

(a) ☐ The applicant claims color as a distinctive feature of the mark.
Color or combination of colors claimed:

(b) Indication, for each color, of the principal parts of the mark that are in that color (as may be required by certain designated Contracting Parties):

9. MISCELLANEOUS INDICATIONS

(a) ☐ Transliteration of the mark (this information is compulsory where the mark consists of or contains matter in characters other than Latin characters, or numerals other than Arabic or Roman numerals):

(b) Translation of the mark (as may be required by certain designated Contracting Parties; do not check the box in item (c) if you provide a translation in this item):

(i) into English:

(ii) into French:

(iii) into Spanish:

(c) ☐ The words contained in the mark have no meaning (and therefore cannot be translated; do not check this box if you have provided a translation in item (b)).

(d) Where applicable, check the relevant box(es) below:

☐ Three-dimensional mark

☐ Sound mark

☐ Collective mark, certification mark, or guarantee mark

Abb. 13.19 Anmeldeformular IR-Marke Seite 6 (WIPO)

(e)   **Description of the mark** (as may be required by certain designated Contracting
          Parties, such as, for example, the United States of America)

    (i)   Description of the mark contained in the basic application or basic registration,
           where applicable (**only use this item** if the Office of origin requires to include
           this description in the international application for the purposes of item 13(a)(ii)
           of this form):

    (ii)   Voluntary description of the mark (any description of the mark by words,
           including the description contained in the basic application or registration, if you
           were not required to provide this description in item (e)(i) above):

(f)   Verbal elements of the mark (where applicable):

(g)   The applicant wishes to disclaim protection for the following element(s) of
          the mark:

MM2 (E) – May 2021

Abb. 13.20 Anmeldeformular IR-Marke Seite 7 (WIPO)

MM2 (E), page 8

10. GOODS AND SERVICES[11]

(a)   Indicate below the goods and services for which the international registration is sought[12]:

Class: Goods and Services[13]:

(b) ☐ The applicant wishes to <u>limit</u> the list of goods and services in respect of one or more designated Contracting Parties, as follows:

Contracting Party: Class(es) or list of goods and services for which protection is sought in this Contracting Party:

☐   If the space provided is not sufficient, check the box and use a **continuation sheet**.

---

[11]   You can use the Madrid Goods and Services Manager (MGS) to find indications accepted by WIPO. In MGS, you can also find acceptance information for selected Contracting Parties. MGS is available at www.wipo.int/mgs.
[12]   Use font "Courier New" or "Times New Roman", size 12 pt., or larger.
[13]   Use semicolon (;) to separate indications or goods or services listed in a given class. For example:
     09   Screens for photoengraving; computers.
     35   Advertising; compilation of statistics; commercial information agencies.

MM2 (E) – May 2021

Abb. 13.21 Anmeldeformular IR-Marke Seite 8 (WIPO)

MM2 (E), page 9

11. DESIGNATIONS[14]

Check the corresponding boxes:

☐ AF Afghanistan	☐ DZ Algeria	☐ KZ Kazakhstan	☐ RO Romania
☐ AG Antigua and Barbuda	☐ EE Estonia	☐ LA Lao People's Democratic Republic	☐ RS Serbia
☐ AL Albania	☐ EG Egypt		☐ RU Russian Federation
☐ AM Armenia	☐ EM European Union[a]	☐ LI Liechtenstein	☐ RW Rwanda
☐ AT Austria	☐ ES Spain	☐ LR Liberia	☐ SD Sudan
☐ AU Australia	☐ FI Finland	☐ LS Lesotho[b]	☐ SE Sweden
☐ AZ Azerbaijan	☐ FR France	☐ LT Lithuania	☐ SG Singapore[b]
☐ BA Bosnia and Herzegovina	☐ GB United Kingdom[b,j]	☐ LV Latvia	☐ SI Slovenia
☐ BG Bulgaria	☐ GE Georgia	☐ MA Morocco	☐ SK Slovakia
☐ BH Bahrain	☐ GG Guernsey[b,k]	☐ MC Monaco	☐ SL Sierra Leone
☐ BN Brunei Darussalam[b]	☐ GH Ghana	☐ MD Republic of Moldova	☐ SM San Marino
☐ BQ Bonaire, Saint Eustatius and Saba[f,g]	☐ GM Gambia	☐ ME Montenegro	☐ ST Sao Tome and Principe
	☐ GR Greece	☐ MG Madagascar	☐ SX Sint Maarten (Dutch part)[f]
	☐ HR Croatia	☐ MK North Macedonia	☐ SY Syrian Arab Republic
	☐ HU Hungary		
☐ BR Brazil[e,h]	☐ ID Indonesia	☐ MN Mongolia	
☐ BT Bhutan	☐ IE Ireland[b]	☐ MW Malawi[b]	☐ SZ Eswatini
☐ BW Botswana	☐ IL Israel	☐ MX Mexico	☐ TH Thailand
☐ BX Benelux[i]	☐ IN India[b]	☐ MY Malaysia[b]	☐ TJ Tajikistan
☐ BY Belarus	☐ IR Iran (Islamic Republic of)	☐ MZ Mozambique[b]	☐ TM Turkmenistan
☐ CA Canada		☐ NA Namibia	☐ TN Tunisia
☐ CH Switzerland	☐ IS Iceland	☐ NO Norway	☐ TR Turkey
☐ CN China	☐ IT Italy	☐ NZ New Zealand[b]	☐ TT Trinidad and Tobago[b]
☐ CO Colombia	☐ JP Japan[e]		
☐ CU Cuba[e]	☐ KE Kenya	☐ OA African Intellectual Property Organization (OAPI)[c]	☐ UA Ukraine
☐ CW Curaçao[f]	☐ KG Kyrgyzstan		☐ US United States of America[d]
☐ CY Cyprus	☐ KH Cambodia		
☐ CZ Czech Republic	☐ KP Democratic People's Republic of Korea		☐ UZ Uzbekistan
		☐ OM Oman	☐ VN Viet Nam
☐ DE Germany		☐ PH Philippines	☐ WS Samoa
☐ DK Denmark	☐ KR Republic of Korea	☐ PK Pakistan[b]	☐ ZM Zambia
		☐ PL Poland	☐ ZW Zimbabwe
		☐ PT Portugal	

---

[14]   You can find information on the procedures in national or regional offices in the Member Profile Database, available at www.wipo.int/madrid/memberprofiles.

MM2 (E) – May 2021

Abb. 13.22   Anmeldeformular IR-Marke Seite 9 (WIPO)

MM2 (E), page 10

^a The designation of the **European Union** covers its Member States (Austria, Belgium, Bulgaria, Croatia, Cyprus, Czech Republic, Denmark, Estonia, Finland, France, Germany, Greece, Hungary, Ireland, Italy, Latvia, Lithuania, Luxembourg, Malta, The Netherlands, Poland, Portugal, Romania, Slovakia, Slovenia, Spain, Sweden).

If the **European Union** is designated, it is compulsory to indicate a second language before the Office of the European Union, among the following (check one box only):

☐ French   ☐ German   ☐ Italian   ☐ Spanish

Moreover, if the applicant wishes to claim the **seniority** of an earlier mark registered in, or for, a Member State of the European Union, the **official form MM17 must be annexed** to the present international application.

^b By designating **Brunei Darussalam, Guernsey, India, Ireland, Lesotho, Malawi, Malaysia, Mozambique, New Zealand, Pakistan, Singapore, Trinidad and Tobago** or the **United Kingdom**, the applicant declares that he/she has the intention that the mark will be used by him/her or with his/her consent in that country in connection with the goods and services identified in this application.

^c The designation of the African Intellectual Property Organization (**OAPI**) covers the following Member States: Benin, Burkina Faso, Cameroon, Central African Republic, Chad, Comoros, Congo, Côte d'Ivoire, Equatorial Guinea, Gabon, Guinea, Guinea-Bissau, Mali, Mauritania, Niger, Senegal, Togo.

^d If the **United States of America** is designated, it is **compulsory to annex** to the present international application the official form (**MM18**) containing the declaration of intention to use the mark required by this Contracting Party. Item 2(e) of the present form should also be completed.

^e **Cuba, Brazil** and **Japan** have made a notification under Rule 34(3)(a) of the Regulations. Their respective **individual fees are payable in two parts**. Therefore, if **Cuba, Brazil** or **Japan** is designated, only the first part of the applicable individual fee is payable at the time of filing the present international application. The second part will have to be paid only if the Office of the Contracting Party concerned is satisfied that the mark which is the subject of the international registration qualifies for protection. The date by which the second part must be paid, and the amount due, will be notified to the holder of the international registration at a later stage.

^f Territorial entity previously part of the former Netherlands Antilles.

^g Protection in **BQ** (Bonaire, Saint Eustatius and Saba) is granted automatically with the designation (see Information Notice No. 27/2011).

^h By designating **Brazil**, the applicant declares that the applicant, or a company controlled by the applicant, effectively and lawfully conducts business in connection with the goods and services for which Brazil is being designated.

ⁱ The designation of **Benelux** covers the following States: Belgium, Luxembourg and the Netherlands.

^j The designation of the **United Kingdom** covers England, Wales, Scotland, Northern Ireland, the British Overseas Territory of the Falkland Islands (Malvinas) and Gibraltar, as well as the two British Crown Dependencies of the Isle of Man and Jersey (see Information Notices No. 38/2015 and 77/2020).

^k The Bailiwick of **Guernsey** is a self-governing British Crown Dependency (see Information Notice No. 77/2020).

12. SIGNATURE OF THE APPLICANT AND/OR THEIR REPRESENTATIVE

If required or allowed by the Office of origin.

By signing this form, I declare that I am entitled to sign it under the applicable law.
Signature:

MM2 (E) – May 2021

Abb. 13.23 Anmeldeformular IR-Marke Seite 10 (WIPO)

MM2 (E), page 11

13. CERTIFICATION AND SIGNATURE OF THE INTERNATIONAL APPLICATION BY THE OFFICE OF ORIGIN

(a)   Certification. The Office of origin certifies:

    (i)   That the request to present this application was received on (dd/mm/yyyy):

    (ii)   that the applicant named in item 2 is the same as the applicant named in the basic application or the holder named in the basic registration mentioned in item 5, as the case may be,

        that any indication given in item 7(d), 9(d) or 9(e)(i) appears also in the basic application or the basic registration, as the case may be,

        that the mark in item 7(a) is the same as in the basic application or the basic registration, as the case may be,

        that, if color is claimed as a distinctive feature of the mark in the basic application or the basic registration, the same claim is included in item 8 or that, if color is claimed in item 8 without having being claimed in the basic application or basic registration, the mark in the basic application or basic registration is in fact in the color or combination of colors claimed, and

        that the goods and services listed in item 10 are covered by the list of goods and services appearing in the basic application or basic registration, as the case may be.

Where the international application is based on two or more basic applications or basic registrations, the above declaration shall be deemed to apply to all those basic applications or basic registrations.

(b)   Name of the Office:

(c)   Name and signature of the official signing on behalf of the Office:
          By signing this form, I declare that I am entitled to sign it under the applicable law.

(d)   Name and e-mail address of the contact person in the Office:

MM2 (E) – May 2021

Abb. 13.24 Anmeldeformular IR-Marke Seite 11 (WIPO)

MM2 (E), page 12

FEE CALCULATION SHEET

(a)   INSTRUCTIONS TO DEBIT FROM A CURRENT ACCOUNT

☐   The International Bureau is hereby instructed to debit the required amount of fees from a current account opened with the International Bureau (if this box is checked, it is not necessary to complete (b)).

Holder of the account:	
Account number:	
Identity of the party giving the instructions:	

(b)   AMOUNT OF FEES (see Fee Calculator: www.wipo.int/madrid/en/fees/calculator.jsp)

Basic fee: 653 Swiss francs if the reproduction of the mark is in black and white only and 903 Swiss francs if there is a reproduction in color. (*For international applications filed by applicants whose country of origin is a Least Developed Country, in accordance with the list established by the United Nations (www.wipo.int/ldcs/en/country), 65 Swiss francs if the reproduction is in black and white only and 90 Swiss francs if there is a reproduction in color.*)

Complementary and supplementary fees:

Number of designations for which complementary fee is applicable		Complementary fee	Total amount of the complementary fees		
	x	100 Swiss francs	=	=	
Number of classes of goods and services beyond three		Supplementary fee	Total amount of the supplementary fees		
	x	100 Swiss francs	=	=	

Individual fees (Swiss francs)[15]:

Designated Contracting Parties	Individual fee	Designated Contracting Parties	Individual fee

Total individual fees	=	
GRAND TOTAL (Swiss francs)	=	

(c)   METHOD OF PAYMENT

Identity of the party effecting the payment:	

Payment received and acknowledged by WIPO	☐	WIPO receipt number	
Payment made to WIPO bank account IBAN No. CH51 0483 5048 7080 8100 0 Crédit Suisse, CH-1211 Geneva 70 Swift/BIC: CRESCHZZ80A	☐	Payment identification	dd/mm/yyyy
Payment made to WIPO postal account (within Europe only) IBAN No. CH03 0900 0000 1200 5000 8 Swift/BIC: POFICHBE	☐	Payment identification	dd/mm/yyyy

---

[15]   Where individual fees have been declared, you will pay these fees instead of the standard fees **except** where the designated Contracting Party and the Contracting Party of the holder are both States bound by the Protocol and the Agreement, in which case, a complementary fee is payable.

MM2 (E) – May 2021

Abb. 13.25 Anmeldeformular IR-Marke Seite 12 (WIPO)

Auf der Seite 10 ist der Antrag zu unterschreiben, um seine Rechtswirksamkeit auszu-lösen (siehe Abb. 13.23).

Die Seite 11 wird von dem deutschen Patentamt ausgefüllt (siehe Abb. 13.24).

Auf der Seite 12 werden die Gebühren errechnet und die gewünschte Zahlungsweise angegeben (siehe Abb. 13.25).

13.12.2   Online-Anmeldung

Mit dem Online-Service DPMAdirektWeb kann eine internationale Registrierung online eingereicht werden (siehe Abb. 13.26).[19]

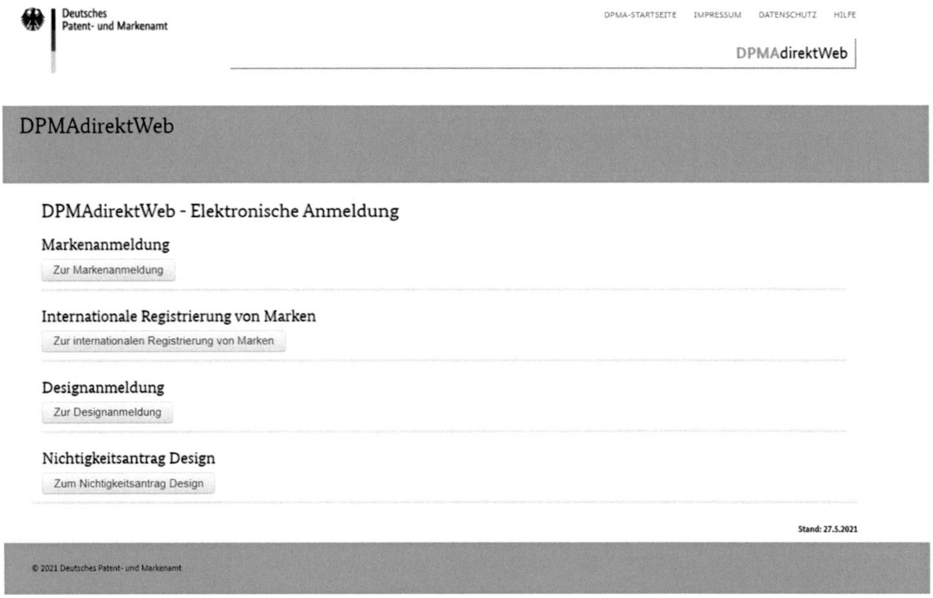

Abb. 13.26 IR-Marke mit DPMAdirektWeb (DPMA)

---

[19] DPMA, „https://direkt.dpma.de/dpmadirektweb/index.xhtml", abgerufen am 21. Juni 2021.

Widerspruch gegen Marke

14

Ein Widerspruch ist ein kostengünstiges Verfahren zur Entfernung einer Marke aus einem Register. Es ist außerdem die einfachste Weise, eine Marke anzugreifen. Allerdings ist hierbei die Widerspruchsfrist zu beachten. Innerhalb einer 3-Monats-Frist kann ein Widerspruch gegen eine frisch eingetragene oder eine einzutragende Marke eingereicht werden. Bei einer deutschen Marke beginnt die 3-Monats-Frist nach Veröffentlichung der Eintragung der Marke in das Register.[1] Ein Widerspruch kann auf eine ältere Marke oder auf ein älteres Firmenkennzeichen gestützt werden.[2] Innerhalb der Widerspruchsfrist ist die Widerspruchsgebühr zu entrichten.[3]

Beispiel

Die Best Software GmbH hat sich die Marke „Pasquale" für Software in das Markenregister des deutschen Patentamts eintragen lassen. Die Best Software GmbH hat eine Markenüberwachung installiert und hat festgestellt, dass sich die Bad Software GmbH die Marke „Pasqualo" für die Klasse 9 für Software hat eintragen lassen. Die Best Software GmbH kann jetzt Widerspruch gegen die Eintragung der Marke der Bad Software GmbH einlegen. ◄

Ein Widerspruch kann nur von dem Inhaber einer älteren Marke oder eines älteren Firmenkennzeichens eingelegt werden.[4] Der Widerspruch muss begründet sein.[5] Das bedeutet, dass

---

[1] § 42 Absatz 1 Satz 1 Markengesetz.

[2] § 42 Absatz 2 Markengesetz bzw. Artikel 46 Absatz 1 Unionsmarkenverordnung.

[3] Artikel 46 Absatz 3 Satz 2 Unionsmarkenverordnung.

[4] § 42 Absatz 1 Satz 1 Markengesetz.

[5] Artikel 46 Absatz 3 Satz 1 Unionsmarkenverordnung.

© Der/die Autor(en), exklusiv lizenziert durch Springer-Verlag GmbH, DE, ein Teil von Springer Nature 2021
T. H. Meitinger, *Ohne Anwalt zur Marke,* https://doi.org/10.1007/978-3-662-64159-0_14

der Widersprechende erläutern muss, warum eine Verwechslungsgefahr der jüngeren Marke mit seiner Marke besteht. Es ist möglich zu beantragen, dass die Widerspruchsbegründung innerhalb einer Fristverlängerung von zwei Monaten vorgenommen wird. Dieser Antrag wird in aller Regel gewährt. Der Markeninhaber der älteren Marke muss darlegen, dass eine Identität von Markenzeichen und Waren und Dienstleistungen[6] besteht oder dass eine Ähnlichkeit der Markenzeichen und der Waren und Dienstleistungen[7] vorliegt. Ein Sonderfall ist bei einer im Inland bekannten Marke gegeben. In diesem Sonderfall ist nur die Zeichenähnlichkeit nachzuweisen.[8] Der Widerspruch wird dem Markeninhaber der jüngeren Marke übermittelt. Ihm wird eine Frist von in der Regel vier Monaten eingeräumt, um sich zum Widerspruch zu äußern.

Das Widerspruchsverfahren weist typischerweise eine umfangreiche Korrespondenz der Parteien mit dem Patentamt auf, denn es erfolgt die Widerspruchsbegründung, die Stellungnahme des Markeninhabers der jüngeren Marke zur Widerspruchsbegründung, eventuell eine Nichtbenutzungseinrede, also die Aufforderung an den Markeninhaber der älteren Marke, die ernsthafte Benutzung seiner Marke nachzuweisen, und eine Stellungnahme des Markeninhabers der jüngeren Marke zum Nachweis der Benutzung. Es werden jeweils ca. vier Monate zur Äußerung eingeräumt. Ein Widerspruchsverfahren kann daher in der ersten Instanz zwischen einem und zwei Jahren dauern.

14.1 Widerspruch gegen deutsche Marke

Nach der Veröffentlichung der Eintragung einer Marke kann jeder Inhaber eines älteren Rechts Widerspruch gegen die Eintragung der Marke beim deutschen Patentamt einlegen. Der Widerspruch ist darauf zu stützen, dass eine Verwechslungsgefahr zwischen den beiden Marken besteht. Der Widerspruch ist innerhalb von drei Monaten nach der Veröffentlichung der Eintragung der Marke einzureichen. Innerhalb dieser Frist ist zusätzlich die Widerspruchsgebühr von 250 € zu entrichten. Ist der Widerspruch auf weitere Widerspruchsmarken desselben Inhabers gestützt, so sind für jede weitere Widerspruchsmarke zusätzlich 50 € zu entrichten.[9] Ein Widerspruch gegen eine deutsche Marke kann mit dem Formular W7202 eingelegt werden.[10]

Auf der ersten Seite des Formulars W7202 (siehe Abb. 14.1) sind im Feld (1) die Daten des Inhabers der angegriffenen Marke anzugeben. Im Feld (2) sind die Daten des Widersprechenden einzutragen.

---

[6] § 9 Absatz 1 Nr. 1 Markengesetz.

[7] § 9 Absatz 1 Nr. 2 Markengesetz.

[8] § 9 Absatz 1 Nr. 3 Markengesetz.

[9] DPMA, „https://www.dpma.de/marken/widerspruch_loeschung/index.html", abgerufen am 4.10.2021.

[10] DPMA, „https://www.dpma.de/docs/formulare/marken/w7202.pdf", abgerufen am 17. Juni 2021.

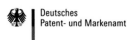

Deutsches
Patent- und Markenamt

Deutsches Patent- und Markenamt
Markenabteilungen
80297 München

W 7 2 0 2   4 . 1 9   1

(1) **Registernummer/Aktenzeichen der Marke,** **gegen** **deren Eintragung, bzw. Nummer der international registrierten Marke, gegen deren Schutzerstreckung auf Deutschland sich der Widerspruch richtet**

Widerspruch gegen

- **die Eintragung einer Marke**
- **die Schutzerstreckung einer international registrierten Marke auf Deutschland**

3

Name, Vorname/Firma des Inhabers der angegriffenen Marke

☐   per Telefax **vorab** am _____ _____ _____

TT   MM   JJJJ

an Telefaxnummer **+49 89 2195 - 4000**

(2) **Widersprechender**   ☐ Weitere/r Widersprechende/r siehe Anlage *(bitte ein separates Blatt DIN A4 bzw. einen Datenträger verwenden)*

Name, Vorname/Firma *(ggf. einschließlich Rechtsform entsprechend registerrechtlicher Eintragung)*

_____

_____

Straße, Hausnummer *(kein Postfach)*

_____

Postleitzahl   Ort   **Land** *(nur bei ausländischen Adressen)*

_____ _____   _____

Telefonnummer _____   **E-Mail-Adresse** _____

Telefaxnummer _____   **Geschäftszeichen** _____

(3) **Sendungen**
des Deutschen Patent- und Markenamts sind zu richten an den

☐   **Vertreter des Widersprechenden** *(Rechts- oder Patentanwalt, Patentassessor)*

oder

☐   **Zustellungsbevollmächtigen des Widersprechenden**

Name, Vorname/Bezeichnung

_____

_____

Straße, Hausnummer

_____

Postleitzahl   Ort   **Land** *(nur bei ausländischen Adressen)*

_____ _____   _____

Telefonnummer _____   **E-Mail-Adresse** _____

Telefaxnummer _____   **Geschäftszeichen** _____

ggf. Nummer der Allgemeinen Vollmacht _____

Abb. 14.1   Widerspruch gegen deutsche Marke Seite 1 (DPMA)

(4) Der Widerspruch richtet sich gegen

☐ alle Waren/Dienstleistungen der angegriffenen Marke

☐ folgende Waren/Dienstleistungen der angegriffenen Marke

☐ siehe Anlage *(bitte ein separates Blatt DIN A4 bzw. einen Datenträger verwenden)*

(5) Gebührenzahlung in Höhe von _____ €

Zahlung per Banküberweisung

☐ **Überweisung**
(dreimonatige Zahlungsfrist beachten)

Zahlungsempfänger:
Bundeskasse Halle/DPMA
IBAN: DE84 7000 0000 0070 0010 54
BIC (SWIFT-Code): MARKDEF1700

Anschrift der Bank:
Bundesbankfiliale München
Leopoldstr. 234, 80807 München

Zahlung mittels SEPA-Basis-Lastschrift

☐ Ein gültiges **SEPA-Basis-Lastschriftmandat** *(Formular A 9530)*

　　☐ liegt dem DPMA bereits vor *(Mandat für mehrmalige Zahlungen)*

　　☐ ist beigefügt

☐ **Angaben zum Verwendungszweck** *(Formular A 9532)* des Mandats mit
Mandatsreferenznummer sind beigefügt

! **Bitte beachten Sie die Kostenhinweise auf der letzten Seite dieses Formulars.**

(6) Anlagen

☐ _____ **Formular(e) W 7202.1** *(Registrierte Widerspruchskennzeichen, auf die sich der Widerspruch stützt)* ⎫ **Mindestens eines die-**
☐ _____ **Formular(e) W 7202.2** *(Nicht registrierte Widerspruchskennzeichen, auf die sich der Widerspruch* ⎬ **ser Formulare muss**
　　　　　stützt) ⎭ **beigefügt werden!**

☐ **Verzeichnis der Waren und/oder Dienstleistungen**, gegen die sich der Widerspruch richtet - Anlage Feld (4)

☐ **Vollmacht**

☐ **Doppelstücke sämtlicher Widerspruchsunterlagen** (§ 17 Abs. 2 DPMAV)

☐ _____

(7) Unterschrift

Der Unterschrift ist der Name in Druckbuchstaben oder Maschinenschrift hinzuzufügen; bei Firmen die Bezeichnung laut registerrechtlicher Eintragung mit Angabe der Stellung/Funktion des Unterzeichnenden.

**Bitte beachten Sie hinsichtlich der Verarbeitung Ihrer personenbezogenen Daten unser Merkblatt
A 9106 „Datenschutz bei Schutzrechtsanmeldungen". Dieses finden Sie unter www.dpma.de:
Service – Formulare – Sonstige Formulare – Hinweise zum Datenschutz.**

Datum ⎯⎯⎯⎯⎯⎯ Unterschrift/en, ggf. Firmenstempel ⎯⎯⎯⎯⎯⎯ Funktion/en der/des Unterzeichner/s

Abb. 14.2 Widerspruch gegen deutsche Marke Seite 2 (DPMA)

Auf der zweiten Seite des Widerspruchsformulars (siehe Abb. 14.2) des deutschen Patentamts ist im Feld (4) anzugeben, ob sich der Widerspruch gegen die komplette Marke oder nur einzelne Waren und Dienstleistungen richtet. Im Feld (5) ist die gewünschte Zahlungsweise insbesondere der Widerspruchsgebühr anzugeben. Außerdem ist der Widerspruch im Feld (7) zu unterschreiben.

Wird die Entscheidung über einen Widerspruch von einem Beamten des gehobenen Dienstes getroffen und ist man mit dessen Entscheidung nicht einverstanden, kann eine sogenannte Erinnerung eingelegt werden.[11] Ein Beamter des gehobenen Dienstes hat nicht Jura studiert. Durch eine Erinnerung folgt eine nochmalige Überprüfung der Entscheidung durch einen Beamten des Patentamts, der Jura studiert hat. In aller Regel führt eine Erinnerung nicht zur Änderung der Entscheidung, da der Zweitprüfer zumeist die Entscheidung des Erstprüfers bestätigt. Es bleibt dann nur noch die Beschwerde an das Bundespatentgericht.[12]

14.2 Widerspruch gegen Unionsmarke

Innerhalb einer Frist von drei Monaten nach der Veröffentlichung einer Markenanmeldung kann ein Widerspruch gegen die bevorstehende Eintragung einer Unionsmarke eingelegt werden.[13] Es kann der Inhaber einer Unionsmarke, einer deutschen Marke oder einer internationalen Registrierung mit Benennung Deutschlands oder EM[14] aufgrund einer Verwechslungsgefahr mit seiner Marke Widerspruch einlegen.

Der Widerspruch ist schriftlich einzureichen und zu begründen. Außerdem ist eine Widerspruchsgebühr zu bezahlen.[15] Bei der Einreichung des Widerspruchs kann der Widersprechende das EUIPO bitten, dass der Widerspruch erst innerhalb einer zusätzlichen Frist von zwei Monaten nach Ablauf der Widerspruchsfrist begründet wird, was üblicherweise gewährt wird.[16]

14.3 Verteidigung gegen Widerspruch

Eine Verteidigung gegen einen Widerspruch umfasst insbesondere eine Darlegung, dass keine Verwechslungsgefahr in klanglicher, schriftbildlicher und begrifflicher Hinsicht vorliegt. Neben der Argumentation gegen die Begründetheit des Widerspruchs sollte

---

[11] § 64 Absatz 1 Satz 1 Markengesetz.

[12] § 66 Absatz 1 Satz 1 Markengesetz.

[13] Artikel 46 Absatz 1 Unionsmarkenverordnung.

[14] EM ist die Abkürzung bei einer internationalen Registrierung für eine Unionsmarke.

[15] Artikel 46 Absatz 3 Unionsmarkenverordnung.

[16] Artikel 46 Absatz 4 Unionsmarkenverordnung.

an die Nichtbenutzungseinrede und einen Gegenangriff durch ein Löschungsverfahren gegen die ältere Marke gedacht werden.

14.3.1 Einrede der Nichtbenutzung

Der Markeninhaber der jüngeren Marke kann eine Nichtbenutzungseinrede erheben. In diesem Fall muss der Markeninhaber der älteren Marke nachweisen, dass die ältere Marke innerhalb der letzten fünf Jahre vor dem Anmelde- oder Prioritätstag der jüngeren Marke benutzt worden ist. Ein Nachweis ist nur erforderlich, falls die ältere Marke zu diesem Zeitpunkt bereits fünf Jahre eingetragen ist.[17] Der Nachweis sollte immer mit einer eidesstattlichen Versicherung und umfangreichen Unterlagen (Angebote, Werbematerialien, Werbeausgaben, Rechnungen, etc.) erfolgen.[18] Wird nur für einen Teil der eingetragenen Waren und Dienstleistungen der Nachweis der Benutzung erbracht, so ist die Marke zumindest für die übrigen Waren und Dienstleistungen löschungsreif.

Ist die ältere Marke bereits länger als fünf Jahre eingetragen, sollte man stets die Nichtbenutzungseinrede erheben. Der Widersprechende muss dann Unterlagen vorlegen, die nachweisen, dass seine Marke in den letzten fünf Jahren benutzt wurde. Die Unterlagen müssen daher für den richtigen Zeitraum datiert sein, die Unterlagen müssen die ältere Marke zeigen und die Marke muss für die Waren und Dienstleistungen, für die die Marke eingetragen wurde, verwendet worden sein. Diese Voraussetzungen sollten für jedes einzelne Blatt der eingereichten Unterlagen geprüft werden.

▶   **Tipp** Wird die eigene Marke mit einem Widerspruch auf Basis einer Marke, die länger als fünf Jahre im Register eingetragen ist, angegriffen, sollte reflexartig die Nichtbenutzungseinrede erhoben werden.

14.3.2 Gegenangriff: Löschungsverfahren

Mit einem Löschungsverfahren kann ein Gegenangriff gestartet werden. Ein Löschungsverfahren ist insbesondere dann sinnvoll, falls der Widersprechende Schwierigkeiten bei dem Nachweis der Benutzung seiner Marke hat. In diesem Fall empfiehlt sich eine Löschungsklage wegen Verfalls. Ein weiterer Vorteil des Löschungsverfahrens ist, dass das Widerspruchsverfahren ausgesetzt wird, solange das Löschungsverfahren anhängig ist. Hierdurch wird Druck auf den Widersprechenden ausgeübt, eine außeramtliche bzw.

---

[17] § 43 Absatz 1 Satz 1 Markengesetz bzw. Artikel 47 Absatz 2 Satz 1 Unionsmarkenverordnung. Bei einer deutschen Marke ist zu beachten, dass die fünf-Jahres-Frist mit dem Ende der Widerspruchsfrist bzw. dem Ende eines Widerspruchsverfahrens beginnt.

[18] § 43 Absatz 1 Satz 2 Markengesetz.

außergerichtliche Einigung zu suchen. Durch eine Löschungsklage gerät zusätzlich die gesamte Marke des Widersprechenden in Gefahr, wodurch der Widersprechende weiter unter Druck gerät.

▶ **Tipp** Mit einem Nichtigkeitsverfahren vor dem Patentamt oder einem Löschungsverfahren vor einem ordentlichen Gericht gegen die Widerspruchs-marke kann eine Gesprächsbereitschaft des Inhabers der älteren Marke geschaffen werden.

14.4 Unterschiede des deutschen und des europäischen Widerspruchs

Bei einem Widerspruch gegen eine deutsche Marke wird gegen eine bereits ein-getragene Marke Widerspruch erhoben. Das bedeutet, dass eine deutsche Marke trotz eines anhängigen Widerspruchs durchgesetzt werden kann.[19] Die Widerspruchsfrist einer Unionsmarke beginnt nach der Veröffentlichung der Markenanmeldung durch das EUIPO.[20]

Bei dem europäischen Verfahren wird ein Widerspruch gegen die Eintragung einer Marke in das Markenregister erhoben. Die widersprochene Marke ist daher noch eine Markenanmeldung und keine eingetragene Marke. Ein Widerspruch kann innerhalb von drei Monaten nach Veröffentlichung der Markenanmeldung beim EUIPO eingereicht werden.[21] Die Eintragung der Unionsmarke erfolgt erst nach Abschluss des Wider-spruchsverfahrens. Während der Widerspruch vor dem EUIPO anhängig ist, kann daher eine Unionsmarke nicht durchgesetzt werden. Es ist als Angegriffener daher sinnvoll, ein deutsches Widerspruchsverfahren in die Länge zu ziehen und ein europäisches Wider-spruchsverfahren möglichst zügig voranzutreiben.

Das europäische Widerspruchsverfahren ist stark reglementiert. Es gibt nur wenige Möglichkeiten, Stellungnahmen beim EUIPO einzureichen. Es sollte daher beim Wider-spruchsverfahren vor dem EUIPO darauf geachtet werden, dass die eigenen Stellung-nahmen die eigene Position vollständig und detailliert wiedergeben.

Das deutsche Widerspruchsverfahren ist weniger streng strukturiert, sodass davon ausgegangen werden kann, dass sehr viele Stellungnahmen beim Patentamt eingereicht werden können. Der Austausch von Stellungnahmen wird typischerweise dadurch beendet, dass die Parteien gemeinsam das Patentamt um eine Entscheidung bitten. Alter-nativ teilt die Markenstelle den Parteien mit, dass genügend vorgetragen wurde und dass

---

[19] § 42 Absatz 1 Satz 1 Markengesetz.

[20] Artikel 46 Absatz 1 Unionsmarkenverordnung.

[21] Artikel 46, Absatz 1 Unionsmarkenverordnung.

nunmehr eine Entscheidung fallen wird. Das deutsche Widerspruchsverfahren kann bis zu drei Jahre dauern.

Eine Besonderheit ist, dass die obsiegende Partei eines europäischen Widerspruchsverfahrens 300 € zugesprochen bekommt. Dieser Betrag von 300 € steht natürlich in keinem Verhältnis zu den entstandenen Kosten. Für eine patentanwaltliche Unterstützung in einem Widerspruchsverfahren ist mit Kosten zwischen 2000 und 3000 € zu rechnen.

14.5 Alternative zum Widerspruch: Koexistenzvereinbarung

Ein Widerspruchsverfahren ist für beide Parteien mit hohen Kosten verbunden. Es ist daher sinnvoll, vor Beginn eines Widerspruchsverfahrens oder kurz danach[22] zu versuchen, eine Abgrenzung durch Einschränkung der Waren und Dienstleistungen der jüngeren Marke zu erreichen, sodass beide Marken nebeneinander bestehen können.

---

[22] § 42 Absatz 4 Markengesetz.

Löschung einer Marke

15

Ist die Widerspruchsfrist abgelaufen, kann eine Marke nur noch durch ein Löschungsverfahren aus dem Markenregister entfernt werden. Hierzu kann ein Nichtigkeitsverfahren vor dem deutschen Patentamt geführt werden. Alternativ ist eine Löschungsklage vor einem ordentlichen Gericht möglich.

15.1 Rücknahme der Anmeldung

Eine Marke wird aus dem Markenregister gelöscht, falls der Markeninhaber die Marke zurückzieht.[1]

15.2 Löschung wegen absoluter Gründe

Eine Löschung einer Marke aus dem Markenregister erfolgt auf Antrag, falls der Eintragung der Marke absolute Schutzhindernisse entgegenstanden.[2] In diesem Fall ist die Marke nicht markenfähig, der Anmelder konnte nicht Inhaber einer Marke sein oder absolute Eintragungshindernisse stehen dem Verbleib der Marke im Register entgegen. Der Antrag ist schriftlich zu stellen, wobei die Löschungsgründe und die Tatsachen und Beweismittel anzugeben sind.[3] Außerdem ist eine Gebühr von 400 € innerhalb von drei Monaten nach dem Einreichen des Antrags zu bezahlen.

---

[1] § 39 Absatz 1 Markengesetz.

[2] § 8 Markengesetz.

[3] § 53 Absatz 1 Sätze 1 und 2 Markengesetz.

© Der/die Autor(en), exklusiv lizenziert durch Springer-Verlag GmbH, DE, ein Teil von Springer Nature 2021
T. H. Meitinger, *Ohne Anwalt zur Marke,* https://doi.org/10.1007/978-3-662-64159-0_15

Die beiden wichtigsten Gründe für eine Löschung wegen dem Verletzen absoluter Eintragungshindernisse sind die mangelnde Unterscheidungskraft der Marke und das Verletzen des Freihaltebedürfnisses durch die Marke für die Waren und Dienstleistungen, für die sie eingetragen wurde. Eine mangelnde Unterscheidungskraft liegt vor, falls die beteiligten Verkehrskreise nicht erkennen, dass überhaupt eine Marke vorliegt.

Beispiel

Die Best Software GmbH kennzeichnet Ihre Produkte mit dem Zeichen „Super" als Herkunftszeichen, damit die beteiligten Verkehrskreise wissen, dass das Produkt aus dem Hause Best Software GmbH stammt. Allerdings wird das Zeichen „Super" diese Aufgabe nicht erfüllen können. Die beteiligten Verkehrskreise werden „Super" einfach als Anpreisung auffassen und nicht als Herkunftskennzeichnung. Das Zeichen „Super" weist keine Unterscheidungskraft auf. ◄

Beispiel

Die Best Software GmbH kennzeichnet ihre Produkte mit „Software für die Finanzbuchhaltung". Ein derartiges Zeichen ist beschreibend und kann daher nicht als Marke eingetragen werden. Wurde dieses Zeichen irrtümlich als Marke für die Klasse 9 für Software eingetragen, ist es löschungsreif und kann mit einem Löschungsverfahren aufgrund des absoluten Eintragungshindernisses des Verletzens des Freihaltebedürfnisses aus dem Register entfernt werden. ◄

Eine Löschung einer deutschen Marke wegen absoluter Schutzhindernisse kann nur innerhalb von 10 Jahren erfolgen. Nach Ablauf von 10 Jahren ist eine Löschung wegen absoluter Schutzhindernisse ausgeschlossen.[4]

15.2.1 Eine Marke wird zum Gattungsbegriff

Eine Marke, die zum Gattungsbegriff wurde, kann aus den Registern der Patentämter gelöscht werden. Eine Löschung einer Marke, die zum Gattungsbegriff wurde, ist beim EUIPO relativ einfach. Hierzu wird ein Antrag auf Löschung der Marke wegen absoluter Schutzhindernisse, nämlich der Beschreibung der Waren und Dienstleistungen, gestellt.

Bei einem Antrag auf Löschung des Gattungsbegriffs beim deutschen Patentamt ist zusätzlich anzuführen, dass der Markeninhaber keine Anstrengungen unternommen hat, die Entwicklung seiner Marke zum Gattungsbegriff zu verhindern.

Eine Marke wird zu einem Gattungsbegriff, wenn eine Marke in einem Markt derart dominant ist, dass die Marke mit dem Markt selbst gleichgesetzt wird. In diesem Fall

---

[4] § 50 Absatz 2 Satz 3 Markengesetz.

gehen die beteiligten Verkehrskreise davon aus, dass die Marke den Markt beschreibt. Ein Gattungsbegriff verliert daher seine Fähigkeit, die Herkunft der gekennzeichneten Produkte zu beschreiben. Ist eine Marke zum Gattungsbegriff geworden, benötigen die Wettbewerber die Marke zur Beschreibung der Waren oder Dienstleistungen. Der Gattungsbegriff beschreibt die Eigenschaften eines Produkts oder einer Dienstleistung. Beispiele für Marken, die zu Gattungsbegriffen wurden, sind Fön für Haartrockner, Googeln für Internetrecherche, Post für Zustelldienstleistungen und Tempo für Papiertaschentücher.

Zum Entgegenwirken einer Gattungsbildung kann der Markeninhaber Werbung schalten, und dadurch verhindern, dass die beteiligten Verkehrskreise auch Konkurrenzprodukte unter der Marke subsummieren. Insbesondere ist es dem Markeninhaber erlaubt, einen Herausgeber von Nachschlagewerken aufzufordern, eine gattungsmäßige Verwendung der Marke zu unterlassen. Der Herausgeber kann aufgefordert werden, zu der Marke ein Hinweis aufzunehmen, dass es sich bei der Bezeichnung um eine eingetragene Marke handelt und nicht um eine Gattungsbezeichnung.

15.3   Löschung wegen älterer Rechte

Der Inhaber eines älteren Rechts kann einen Antrag auf Löschung einer Marke beim deutschen Patentamt einreichen. Der Löschungsantrag ist schriftlich zu stellen. Außerdem sind die Tatsachen und Beweismittel anzugeben, auf denen der Antrag basiert.[5] Ein Antrag auf Löschung kann nur von dem Markeninhaber der älteren Marke eingereicht werden. Der Markeninhaber kann seinen Antrag auf Löschung auf mehrere Marken stützen.

Ein Antrag auf Löschung ist erfolglos, falls Verwirkung eingetreten ist oder falls die ältere Marke zum Zeitpunkt des Anmelde- oder Prioritätstags der jüngeren Marke wegen Verfalls wegen Nichtbenutzung löschungsreif war.[6] Außerdem ist ein Löschungsverfahren nicht zulässig, falls die ältere Marke wegen absoluter Schutzhindernisse nichtig ist. Absolute Schutzhindernisse liegen insbesondere vor, falls die Marke nicht unterscheidungskräftig ist, das Freihaltebedürfnis verletzt, bösgläubig angemeldet wurde, irreführend ist, gegen die öffentliche Ordnung oder die guten Sitten verstößt oder amtliche Prüf- oder Gewährzeichen, Staatswappen oder Staatsflaggen enthält.

Der Antrag auf Löschung einer deutschen Marke wird beim deutschen Patentamt eingereicht. Innerhalb von drei Monaten ist eine Gebühr von 400 € zu bezahlen. Stützt sich der Antrag auf zwei oder mehr ältere Marken, ist für jede zusätzliche ältere Marke eine Gebühr von 100 € zu entrichten.

---

[5] § 53 Absatz 1 Sätze 1 und 2 Markengesetz.

[6] § 26 Markengesetz.

Das deutsche Patentamt übermittelt dem Inhaber der jüngeren Marke den Löschungsantrag. Widerspricht der Markeninhaber der Löschung seiner Marke, beginnt das amtliche Verfahren vor dem Patentamt. Widerspricht der Markeninhaber nicht innerhalb von zwei Monaten, wird seine Marke aus dem Markenregister entfernt.

Alternativ zu einem Nichtigkeitsverfahren vor dem deutschen Patentamt kann eine Klage vor einem ordentlichen Gericht erhoben werden.

15.4 Löschung wegen Verfalls

Eine Marke kann auf Antrag aus dem Markenregister entfernt werden, wenn sie innerhalb eines Zeitraums von fünf Jahren nicht ernsthaft benutzt worden ist.[7] Ein Löschungsverfahren wegen Verfalls kann als amtliches Verfahren vor dem deutschen Patentamt oder im Klageverfahren vor einem ordentlichen Gericht geführt werden.

Der Antrag zum Beginn eines Nichtigkeitsverfahrens vor dem Patentamt muss schriftlich beim Patentamt eingereicht und mit Angabe der Tatsachen und Beweismittel begründet werden.[8] Außerdem ist innerhalb einer Frist von drei Monaten eine Gebühr von 100 € zu entrichten.

Das Patentamt teilt dem Markeninhaber den Antrag auf Löschung wegen Verfalls mit. Der Markeninhaber kann dem Antrag innerhalb einer Frist von zwei Monaten widersprechen. Andernfalls wird die Marke aus dem Markenregister entfernt. Legt der Markeninhaber einen Widerspruch ein, wird der Antragsteller aufgefordert eine Weiterverfolgungsgebühr von 300 € zu bezahlen. Sobald der Antragsteller die Weiterverfolgungsgebühr entrichtet hat, beginnt das Löschungsverfahren vor dem deutschen Patentamt. Wird die Weiterverfolgungsgebühr nicht bezahlt, wird das Löschungsverfahren nicht begonnen.

Die Löschung einer Marke wegen Verfalls durch Nichtbenutzung stellt ein häufiger Grund eines Löschungsverfahrens dar. Eine Nichtbenutzung kann vorliegen, da die Marke überhaupt nicht mehr benutzt wird oder weil sie in veränderter Form benutzt wird. Eine Nichtbenutzung trotz Nutzung (in veränderter Form) liegt vor, falls die beiden Erscheinungsformen der Marke einen unterschiedlichen kennzeichnenden Charakter aufweisen. Der kennzeichnende Charakter zweier Marken ist unterschiedlich, falls es sich für die Verkehrskreise um zwei unterschiedliche Marken handelt. Bei Wortmarken gilt, dass sich deren kennzeichnender Charakter durch eine andere Schreibweise nicht verändert. Die grafische Gestaltung spielt bei einer Wortmarke keine Rolle. Das Problem des veränderten kennzeichnenden Charakters stellt sich vor allem bei Bildmarken und Wort-/Bildmarken.

---

[7] § 49 Markengesetz.

[8] § 53 Absatz 1 Sätze 1 und 2 Markengesetz.

Eine Nichtbenutzung liegt vor, falls in den letzten fünf Jahren vor der Antragstellung auf Löschung oder der Klageerhebung und innerhalb der letzten fünf Jahre vor der rechtskräftigen Entscheidung über den Antrag oder die Klage keine Benutzung erfolgte. Eine Aufnahme der Benutzung in den vier Monaten vor dem Antrag zur Löschung oder der Klageerhebung bleibt unbeachtlich, falls der Markeninhaber auf den Verfall seiner Marke aufmerksam gemacht wurde.

Der Markeninhaber kann eine Löschung seiner Marke durch einen Nachweis der Benutzung abwenden. Eine Benutzung sollte immer mit einer eidesstattlichen Versicherung und Materialien wie Werbeflyer, Katalogeinträge, Werbematerialien, Angeboten und Rechnungen nachgewiesen werden. Ausgaben für Werbung, Marktforschung etc. helfen ebenfalls die Benutzung nachzuweisen. Diese Unterlagen müssen das geschützte Zeichen in Verbindung mit den Waren und Dienstleistungen darstellen. Außerdem muss eine Datierung vorliegen, die ergibt, dass die Benutzung in den relevanten Zeiträumen stattgefunden hat.

15.5 Löschungsverfahren vor einem ordentlichen Gericht

Ein Löschungsverfahren kann durch Klageerhebung vor einem ordentlichen Gericht[9] begonnen werden. Die Alternative zum Klageverfahren vor einem ordentlichen Gericht ist das amtliche Nichtigkeitsverfahren vor dem Patentamt. Das amtliche Nichtigkeitsverfahren vor dem Patentamt ist günstig aber langsam. Das Löschungsverfahren vor dem Landgericht ist schnell, weist aber ein hohes Kostenrisiko bei Unterliegen auf.

15.6 Löschung einer Unionsmarke

Ein Löschungsverfahren einer Unionsmarke findet als amtliches Verfahren vor dem EUIPO statt.

15.7 Löschung einer internationalen Registrierung

Der auf Deutschland erstreckte Teil einer international registrierten Marke kann mit einem Löschungsverfahren vor dem deutschen Patentamt oder mit einer Löschungsklage vor einem ordentlichen deutschen Gericht angegriffen werden.[10]

---

[9] Die Eingangsinstanz ist ein Landgericht.
[10] § 115 Markengesetz.

15.8   Kosten eines Löschungsverfahrens

Die Kosten eines amtlichen Löschungsverfahren liegen bei ca. 4000 € in der ersten Instanz.

Bei den Kosten eines gerichtlichen Löschungsverfahren ist nach RVG[11] mit mindestens 20 bis 40 Tausend Euro Gesamtrisiko, also Kosten für die Anwälte beider Parteien und der Gerichtskosten, zu rechnen.

---

[11] RVG: Rechtsanwaltsvergütungsgesetz.

Markenüberwachung 16

Eine Markenrecherche ist vor der Anmeldung einer Marke und in regelmäßigen Abständen nach der Eintragung der Marke, möglichst monatlich, empfehlenswert. Vor der Anmeldung einer Marke kann durch eine Recherche verhindert werden, dass die Eintragung der Marke mit einem älteren Recht kollidiert. Eine regelmäßige Recherche nach der Markeneintragung dient der Markenüberwachung und verhindert ein „Verwässern" des eigenen Markenrechts. Hierbei wird insbesondere verhindert, dass sich identische oder ähnliche Marken für die gleichen oder ähnlichen Waren und Dienstleistungen etablieren können, die dem Image der eigenen Marke schaden und zusätzlichen Umsatz verhindern.

Ein Markeninhaber sollte regelmäßig nach jüngeren Marken recherchieren. Fremde, jüngere Marken, die mit der eigenen Marke verwechselt werden können, können im Markt Schaden anrichten. Es kann der Fall eintreten, dass der Inhaber einer jüngeren Marke mit qualitativ minderwertigen Waren und Dienstleistungen das Image der älteren verwechslungsfähigen Marke beschädigt. Um diesen teilweise irreparablen Schaden zu verhindern, sollten verwechslungsfähige jüngere Marken gelöscht werden oder veranlasst werden, dass deren Waren und Dienstleistungen von den Waren und Dienstleistungen der älteren Marke derart abgegrenzt werden, dass eine Verwechslungsgefahr ausgeschlossen ist.

Um eine störende jüngere Marke zu beseitigen, ist das Widerspruchsverfahren vorgesehen. Dieses ermöglicht ein Löschungsverfahren kostengünstig und zügig zu führen. Allerdings ist hierbei die Widerspruchsfrist von drei Monaten zu beachten. Ein Widerspruch kann nur wirksam innerhalb von drei Monaten nach dem Tag der Veröffentlichung der Marke eingereicht werden.[1] Es ist daher sinnvoll, beispielsweise einmal im Monat, eine Recherche nach verwechslungsfähigen, jüngeren Marken durchzuführen,

---

[1] § 42 Absatz 1 Markengesetz bzw. Artikel 46 Absatz 1 Unionsmarkenverordnung.

T. H. Meitinger, *Ohne Anwalt zur Marke,* https://doi.org/10.1007/978-3-662-64159-0_16

Monitoring

Für weitere Informationen nutzen Sie die Hilfe zum Monitoring.

Informationen zu Klassifikationen finden Sie unter: ↗ international harmonisierte Klassifikation für Waren und Dienstleistungsbegriffe

Recherche formulieren

Datenbestand: ☑ nationale Marken ☑ Unionsmarken ☑ internationale Marken   ?

Überwachungszeitraum: | Aktuelle Woche   ⌄ |

Anmelder/Inhaber: | z.B. Bundesrepublik Deutschland | ?

Klasse(n) Nizza: | z.B. 9 | oder | | oder | | ?

Trefferlistenkonfiguration ausblenden

☑ Datenbestand   ☑ Aktenzeichen/Registernummer   ☐ Bestandsart   ☑ Markendarstellung

☑ Markenform   ☑ Klasse(n) Nizza   ☐ Aktenzustand   ☐ Anmeldetag

☐ Eintragungstag   ☐ Beginn Widerspruchsfrist   ☑ Anmelder/Inhaber   ☐ Vertreter

Trefferlistensortierung nach | Aktenzeichen/Registernummer ⌄ | | aufsteigend ⌄ |

Abb. 16.1 Monitoring des deutschen Patentamts

um die Widerspruchsfrist nicht zu verpassen. Das Widerspruchsverfahren findet vor dem Patentamt statt, also beispielsweise vor dem deutschen Patentamt oder dem EUIPO.

Stellt der Inhaber einer Marke durch die Markenüberwachung fest, dass ein Dritter eine ähnliche oder identische Marke für ähnliche oder identische Waren und Dienstleistungen eingetragen hat oder eine derartige Marke verwendet, muss der Inhaber der älteren Marke gegen diese jüngere Marke tätig werden, um nicht sein eigenes Recht zu gefährden bzw. einschränken zu lassen. Diese Gefahr besteht durch Verwirkung der Rechte aus der Marke.

16.1   DPMAregister

In dem Online-Service DPMAregister[2] des deutschen Patentamts kann unter dem Link „https://register.dpma.de/DPMAregister/marke/monitoring"[3] eine Markenüberwachung durchgeführt werden (siehe Abb. 16.1).

Mit dem Monitoring-Tool des deutschen Patentamts kann nach Inhabern, nach Nizza-Klassen und nach Inhabern zusammen mit Nizza-Klassen recherchiert werden. Ein Monitoring kann nach deutschen Marken, Unionsmarken und internationalen

---

[2]DPMAregister ist die Zusammensetzung von DPMA (Deutsches Patent- und Markenamt) und register.

[3]DPMA, „https://register.dpma.de/DPMAregister/marke/monitoring", abgerufen am 19. Juni 2021.

Abb. 16.2 DPMAkurier: Überwachung nach Registernummer (DPMA)

Registrierungen mit Benennung Deutschland oder EM[4] durchgeführt werden. Eine Trunkierung der Eingaben ist möglich. Es wird nicht zwischen Groß- und Kleinschreibung unterschieden.

16.2 DPMAkurier

Suchergebnisse des Services DPMAregister können mit dem Online-Tool DPMAkurier überwacht werden, sodass bei Rechts- oder Verfahrensänderungen eine Benachrichtigung per Email erfolgt (siehe Abb. 16.2).[5]

Mit dem Service DPMAkurier des deutschen Patentamts kann allerdings auch ein eigenständiges Monitoring nach deutschen Marken, Unionsmarken und internationalen Registrierungen mit Benennung Deutschland und EM[6] eingerichtet werden.[7] Es kann nach zwei Kriterien eine automatische Überwachung eingerichtet werden, nämlich nach Nizza-Klassen, nach Inhabern und nach Nizza-Klassen in Kombination mit Inhabern (siehe Abb. 16.3).

Der Service erzeugt Email-Nachrichten von eventuell relevanten Markenanmeldungen. Voraussetzung zur Nutzung des Service ist eine Registrierung.

---

[4] EM ist die Abkürzung bei einer internationalen Registrierung für eine Unionsmarke.

[5] DPMA, „https://register.dpma.de/DPMAregister/kurier/markenakz", abgerufen am 19. Juni 2021.

[6] EM ist die Abkürzung bei einer internationalen Registrierung für eine Unionsmarke.

[7] DPMA, „https://register.dpma.de/DPMAregister/kurier/uebersicht", abgerufen am 19. Juni 2021.

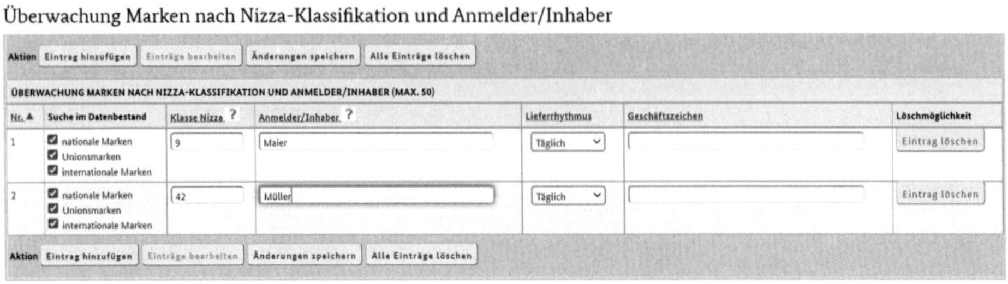

Überwachung Marken nach Nizza-Klassifikation und Anmelder/Inhaber

Abb. 16.3   DPMAkurier: Überwachung nach Klassen und Inhabern (DPMA)

16.3   Recherchenbericht des EUIPO

Das EUIPO informiert die Inhaber älterer Unionsmarken automatisch, wenn eine Anmeldung einer jüngeren Unionsmarke veröffentlicht wurde, die zu einer Verwechslungsgefahr führen kann. Der Inhaber der älteren Marke kann die Widerspruchsfrist von drei Monaten nutzen, um einen Widerspruch beim EUIPO einzureichen.

Ein Markeninhaber einer Unionsmarke kann daher seine Markenüberwachung auf die jeweiligen nationalen Patentämter beschränken. Eine zusätzliche Markenüberwachung der Unionsmarken ist nicht erforderlich.

16.4   Überwachung mittels Google Alert

Mit Google Alert kann die Benutzung von Marken im Internet überwacht werden. Google Alert kann unter dem Link „https://www.google.de/alerts" eingerichtet werden.

Durchsetzen einer Marke

17

Eine Marke stellt ein wirtschaftliches Monopol dar und gibt dem Markeninhaber einen Unterlassungsanspruch gegenüber einer widerrechtlichen Benutzung seiner Marke. Diesen Unterlassungsanspruch muss der Markeninhaber selbst durchsetzen. Eine Durchsetzung kann durch eine Berechtigungsanfrage, eine Abmahnung, eine einstweilige Verfügung oder im Klageverfahren erfolgen.

17.1 Berechtigungsanfrage

Eine Berechtigungsanfrage ist eine außergerichtliche Aufforderung zur Stellungnahme. Insbesondere bei unklarer Kenntnis des Sachstands ist eine Berechtigungsanfrage geboten, um das Eingehen unnötiger Risiken auszuschließen. Durch eine Berechtigungsanfrage wird nach Sachverhalten gefragt, die einer Durchsetzung von Ansprüchen im Wege stehen. Der Adressat der Berechtigungsanfrage ist nicht zur Antwort verpflichtet. Üblicherweise wird der Adressat auf eine Berechtigungsanfrage reagieren und dabei versuchen darzustellen, dass eine Anspruchsdurchsetzung keine Aussicht auf Erfolg hat. Im Gegensatz zur Abmahnung enthält eine Berechtigungsanfrage keine Androhung eines Gerichtsverfahrens.

In einer Berechtigungsanfrage wird eine Frist gesetzt, innerhalb der sich der Angeschriebene erklären soll, warum er sich berechtigt fühlt, die Marke zu benutzen. Eine Berechtigungsanfrage enthält im Gegensatz zu einer Abmahnung keine Verpflichtungs- und Unterlassungserklärung. In einer Berechtigungsanfrage werden keine rechtlichen Schritte angedroht.

Eine Berechtigungsanfrage ist sinnvoll, falls davon auszugehen ist, dass die Markenverletzung ein Versehen ist. Dies ist insbesondere bei kleinen Unternehmen der Fall, die kein professionell eingerichtetes Monitoring unterhalten.

T. H. Meitinger, *Ohne Anwalt zur Marke*, https://doi.org/10.1007/978-3-662-64159-0_17

Beispiel

Das Unternehmen Best Software GmbH entdeckt, dass die Worst Software GmbH ihre Software ebenfalls mit der Marke „Pasquale" bezeichnet. Die Best Software GmbH schreibt die Worst Software GmbH an: „Uns ist aufgefallen, dass Sie Ihre Software ebenfalls unter der Marke „Pasquale" vertreiben. Erklären Sie uns doch bitte, innerhalb einer Frist von 2 Wochen, warum Sie sich dazu berechtigt fühlen." ◄

17.2 Abmahnung

Ist davon auszugehen, dass der Markenverletzer die Markenverletzung bewusst vornahm oder führte eine Berechtigungsanfrage zu keinem Ergebnis, ist eine Abmahnung ein geeignetes Mittel der Markenverletzung entgegenzutreten. Ein typischer Gegenstandswert bei einer Markenabmahnung liegt zwischen 50 und 250 Tausend Euro.

Beispiel

das Unternehmen Best Software GmbH stellt fest, dass die Worst Software GmbH weiterhin ihre Software als „Pasquale" bezeichnet. Außerdem hat die Worst Software GmbH die Berechtigungsanfrage schlicht ignoriert. ◄

17.2.1 Aktivlegitimation

Eine Abmahnung ist nicht statthaft, falls nicht der Markeninhaber abmahnt. Mahnt beispielsweise der Inhaber einer Firma ab, obwohl nicht der Inhaber der Firma der Markeninhaber ist, sondern die Firma selbst, läuft die Abmahnung ins Leere. Der Inhaber der Firma ist in diesem Fall nicht berechtigt abzumahnen. Eine Aktivlegitimation des Abmahnenden liegt nicht vor.

Andererseits könnte die Aktivlegitimation des Inhabers der Firma dennoch bestehen, falls der Inhaber der Firma eine exklusive Lizenz für die Markennutzung von der Firma erhalten hat. Dies wäre nachzuweisen.

17.2.2 Passivlegitimation

Der Abmahnende muss den Richtigen abmahnen, also den tatsächlichen Markenverletzer. Ansonsten läuft die Abmahnung ebenfalls ins Leere. Bei einer GmbH oder UG als Markenverletzer ist es empfehlenswert dem Unternehmensregister die korrekte Firmenbezeichnung und Adresse zu entnehmen.

17.2.3 Ansprüche sind zu breit formuliert

Es wäre falsch, einen Markenverletzer für Waren und Dienstleistungen abzumahnen, für die zwar die Marke eingetragen ist, die der Markenverletzer jedoch nicht hergestellt und angeboten hat. Der Abmahnende kann von dem Markenverletzer nur verlangen, dass er künftig unterlässt, diejenigen Produkte und Dienstleistungen unter der Marke anzubieten, die er bereits unberechtigterweise angeboten und hergestellt hat. Es sollte daher nicht ungeprüft das komplette Waren- und Dienstleistungsverzeichnis der Marke in die Abmahnung aufgenommen werden. Für alle Waren und Dienstleistungen, die nicht von dem Abgemahnten angeboten oder hergestellt wurden, handelt es sich um eine unberechtigte Abmahnung.

17.2.4 Vorgehen bei einer Abmahnung

Eine Abmahnung dient der außergerichtlichen Durchsetzung eines Unterlassungsanspruchs. Eine Abmahnung wird typischerweise von einem Patent- oder Rechtsanwalt im Auftrag eines Markeninhabers erstellt und dem Markenverletzer übermittelt. Hierbei wird dem Markenverletzer eine Frist gesetzt, innerhalb der die Markenverletzung zu beenden ist. Außerdem umfasst eine Markenabmahnung stets eine strafbewehrte Verpflichtungs- und Unterlassungserklärung, die der Markenverletzer zu unterschreiben hat. Nur durch eine strafbewehrte Unterlassungserklärung kann eine Wiederholungsgefahr ausgeschlossen werden.

Die Höhe der Vertragsstrafe einer Unterlassungserklärung liegt üblicherweise über 5000 €, damit im Falle einer gerichtlichen Auseinandersetzung ein Landgericht, und nicht das Amtsgericht, zuständig ist.[1]

Außerdem wird in einer Abmahnung Auskunft verlangt, in welchem Umfang die Marke benutzt wurde und welcher Umsatz mit der Marke getätigt wurde, um den Schadensersatz zu ermitteln. In der Abmahnung wird üblicherweise gefordert, dass die Kosten des Anwalts des Abmahnenden erstattet werden.

Bei Erhalt einer Abmahnung sollte möglichst schnell ein Patentanwalt oder ein Rechtsanwalt mit einschlägigen Markenkenntnissen aufgesucht werden, da die Fristen, die dem Abgemahnten gesetzt werden, typischerweise kurz sind.

Ein versierter Patentanwalt wird zunächst prüfen, ob die Abmahnung berechtigt ist. Falls dies der Fall ist, wird er versuchen, die Folgen für seinen Mandanten abzumildern, beispielsweise dadurch, dass er eine Aufbrauchsfrist für die mit der Marke gekennzeichneten Waren vereinbart. Weitere Punkte, die auch bei einer berechtigten Abmahnung verhandelt werden können, sind das Abwenden der Auskunftspflicht oder eine Reduktion der Kosten für den Abgemahnten.

---

[1] § 23 Nr. 1 Gerichtsverfassungsgesetz.

Zuvor ist zu klären, beispielsweise in einem Telefongespräch mit dem gegnerischen Anwalt, welche Intention mit der Abmahnung verfolgt wird. Falls eine Unterlassung beabsichtigt ist und die Abmahnung berechtigt ist, sollte man die Unterlassungserklärung unterschreiben und sich eine neue Marke suchen. Andernfalls kann eventuell eine Lizenzvereinbarung mit dem Abmahnenden vereinbart werden.

Ist die Abmahnung zwar formal falsch, falls beispielsweise die Bezeichnung des Abgemahnten nicht exakt ist, sollte dennoch bei einer sachlich berechtigten Abmahnung die Unterlassungserklärung unterschrieben werden, da der Abmahnende natürlich sofort eine korrekte Abmahnung erstellen kann. Außerdem droht dann bereits ein gerichtliches Verfahren.

17.3 Negative Feststellungsklage

Mit einer negativen Feststellungsklage kann darüber Rechtssicherheit geschaffen werden, ob eine Markenverletzung vorliegt. Hierdurch kann eine eventuell zunehmende Verunsicherung, beispielsweise der Geschäftspartner des vermeintlichen Markenverletzers, ausgeräumt werden. Ist man daher als Abgemahnter der Überzeugung, dass keine Markenverletzung vorliegt und leitet der Abmahnende das Klageverfahren nicht zeitnah ein, sollte daran gedacht werden, selbst mit einer negativen Feststellungsklage eine gerichtliche Klärung anzustreben.

17.4 Einstweilige Verfügung

Nach einer Abmahnung kann eine einstweilige Verfügung angestrebt werden oder eine Klage beim Landgericht eingereicht werden. Voraussetzung einer einstweiligen Verfügung ist, dass Dringlichkeit besteht. Liegt die Markenverletzung zu lange zurück, ist eine einstweilige Verfügung nicht mehr möglich.

Mit einer einstweiligen Verfügung kann nur der Unterlassungsanspruch durchgesetzt werden. Ist der Unterlassungsanspruch nicht das Ziel des Vorgehens, ist die einstweilige Verfügung nicht das geeignete Mittel zur Durchsetzung der eigenen Interessen.

Eine einstweilige Verfügung kann einseitig, also ohne Anhörung der gegnerischen Seite, oder in einem zweiseitigen Verfahren erlassen werden. In dem letzteren Fall wird das Gericht kurzfristig eine mündliche Verhandlung ansetzen, um zu einer Entscheidung zu gelangen. Aktuell ist die Tendenz erkennbar, eher im zweiseitigen als im einseitigen Verfahren über eine einstweilige Verfügung zu entscheiden.

Mit einer Schutzschrift kann einer drohenden einstweiligen Verfügung begegnet werden. In einer Schutzschrift können die eigenen Argumente erläutert werden, insbesondere warum die eigene Marke nicht zu einer Verwechslungsgefahr mit einer älteren Marke führt. Die potenziell angegriffene Partei kann durch das Hinterlegen einer Schutzschrift die Wahrscheinlichkeit eines zweiseitigen Verfahrens bei einem Antrag auf einstweilige Verfügung erhöhen. Die Schutzschrift wird im zentralen Schutzschriftenregister in Frankfurt hinterlegt. Gelangt ein Antrag auf eine einstweilige Verfügung zu einem Richter wird dieser zunächst im Schutzschriftenregister nachsehen, ob eine Schutzschrift vorliegt. Die Argumentation der Schutzschrift wird bei der Entscheidung über die einstweilige Verfügung einbezogen bzw. kurzfristig eine mündliche Verhandlung anberaumt. Eine Schutzschrift ist immer sinnvoll, falls man bereits abgemahnt wurde und der Auffassung ist, dass die Abmahnung unberechtigt oder sogar missbräuchlich ist.

Eine einstweilige Verfügung wird der gegnerischen Partei zugesandt und die gegnerische Partei muss sofort unterlassen. Mit der einstweiligen Verfügung wird nur über die Unterlassung entschieden. Danach folgt das Hauptsacheverfahren, bei dem die weiteren Ansprüche des Markeninhabers vorgetragen werden können.

17.5   Klage vor einem ordentlichen Gericht

Eine sofortige Klageeinreichung ist in aller Regel nicht sinnvoll. Zumindest sollte zuvor eine Abmahnung des Markenverletzers erfolgen. Ansonsten kann der Markenverletzer sofort anerkennen und die gesamten Kosten sind vom Markeninhaber zu tragen, also die Kosten der beiden Parteien und die Gerichtskosten.[2] Aus diesem Grund sollte zuvor wenigstens eine Abmahnung mit kurzer Fristsetzung an die gegnerische Partei übermittelt werden.

Eine zügige Klageerhebung kann geboten sein, falls Verjährung droht. Hierbei ist zu berücksichtigen, dass eine Abmahnung nicht zur Verjährungshemmung führt. Im Falle der bevorstehenden Verjährung kann daher eine Abmahnung mit kurzer Frist oder eine sofortige Klageeinreichung erforderlich sein.

In der Klage ist anzugeben, warum der Beklagte die Marke verletzt, warum also eine Markenverletzung vorliegt. Es ist genau darzulegen, warum eine Verwechslungsgefahr der Marke des Markenverletzers mit der älteren Marke vorliegt.

In der Klage kann ein Auskunftsanspruch geltend gemacht werden. Der Beklagte hat dann genau zu beschreiben, an wen und zu welchem Preis er das markenverletzende Produkt verkauft hat. Außerdem hat er gegebenenfalls anzugeben, von wem er das markenverletzende Produkt bezogen hat. Anhand der Angaben des Verletzers kann der Schadensersatz berechnet werden.

Ein Klageverfahren dauert ungefähr ein Jahr. Das bedeutet, dass nach Einreichung der Klage mit einer Terminierung einer mündlichen Verhandlung innerhalb eines Jahres gerechnet werden kann.

Im Klageverfahren gilt bezüglich der Kosten das Unterliegenheitsprinzip. Das bedeutet, dass die unterliegene Partei sämtliche Kosten zu tragen hat, also die Anwaltskosten beider Parteien und die Gerichtskosten. Das gesamte Kostenrisiko eines Markenverletzungsverfahren vor einem Landgericht beträgt ungefähr zwischen 10 und 30 Tausend Euro.

---

[2] § 93 ZPO, diese rechtliche Situation wird als Klageüberfall bezeichnet.

Benutzungszwang einer Marke

Eine Marke kann einen erheblichen Eingriff in das Wirtschaftsleben darstellen. Der Gesetzgeber möchte nicht, dass derartige Eingriffe mit Marken möglich sind, die nicht genutzt werden. Aus diesem Grund sieht das Markenrecht eine Pflicht zur Benutzung vor.

Ein Markeninhaber muss seine Marke benutzen. Ansonsten wird die Marke löschungsreif. Das bedeutet, die Marke kann jederzeit von einem Dritten angegriffen und aus dem Register entfernt werden. Erfolgt kein Angriff, bleibt die Marke im Register. Nimmt der Markeninhaber die Benutzung der Marke wieder auf, wird die Löschungsreife geheilt.

Eine rechtserhaltende Benutzung liegt vor, falls die Marke von ihrem Inhaber für die Waren und Dienstleistungen, für die die Marke eingetragen wurde, im Hoheitsgebiet Deutschlands ernsthaft benutzt wird.[1] Eine ernsthafte Benutzung ist gegeben, falls erhebliche Umsätze mit Produkten erzeugt werden, die durch die Marke gekennzeichnet sind. Zumindest müssen geeignete Marketingmassnahmen nachgewiesen werden. Ist ein Nachweis auf ernsthafte Benutzung zu führen, sollte, neben den geeigneten Unterlagen, stets eine eidesstattliche Versicherung abgegeben werden. Eine Benutzung durch einen Lizenznehmer oder einen Dritten mit Zustimmung des Markeninhabers gilt als Benutzung durch den Markeninhaber.[2]

Beispiel

Die Best Software GmbH entwickelt ein neues Produkt und sichert sich die Marke „Pasquale" für Software. Die Entwicklung des Produkts verzögert sich um zwei

---

[1] § 26 Absatz 1 Markengesetz.

[2] § 26 Absatz 2 Markengesetz.

T. H. Meitinger, *Ohne Anwalt zur Marke,* https://doi.org/10.1007/978-3-662-64159-0_18

Jahre. Es macht auch keinen Sinn, bereits Marketingmassnahmen durchzuführen. Die Marke kann daher in den ersten zwei Jahren nicht benutzt werden. Verfällt die Marke? ◀

Für den Inhaber einer frisch eingetragenen Marke ergibt sich zunächst kein Problem. Innerhalb der ersten fünf Jahre tritt kein Verfall einer Marke durch Nichtbenutzung ein. Allerdings muss der Markeninhaber innerhalb dieser Nichtbenutzungsschonfrist die Benutzung seiner Marke aufgenommen haben. Der Begriff der „Nichtbenutzungsschonfrist" ist daher irreführend, da es sich um eine Frist handelt, innerhalb der spätestens die Benutzung aufgenommen werden muss. Ein Begriff „Benutzungsaufnahmefrist" wäre zutreffender.

Die Benutzungsschonfrist beginnt nach dem Tag, ab dem kein Widerspruch mehr gegen die Marke möglich ist oder ein Widerspruchsverfahren abgeschlossen wurde und endet fünf Jahre später.[3]

Beispiel

Die Best Software GmbH kommt mit ihrem Produkt, das die Marke „Pasquale" tragen soll, nicht voran. Nach fast fünf Jahren schrillen die Alarmglocken. Es ist absehbar, dass erst kurz nach der Benutzungsschonfrist das Produkt in den Markt eingeführt werden kann. Was soll die Best Software GmbH unternehmen, um einen Verfall ihrer Marke „Pasquale" zu verhindern? ◀

Es kann tatsächlich vorkommen, dass eine Entwicklung eines aufwendigen, technischen Produkts Jahre dauert oder dass die Entwicklung eines anderen Produkts vorgezogen wurde. Die Benutzungsschonfrist stellt jedoch eine gesetzliche Frist dar und kann nicht verlängert werden. Ein Markeninhaber muss daher die Marke innerhalb dieser fünf Jahre zumindest beginnen zu verwenden.

Beispiel

Die Best Software GmbH erfährt über Kontakte auf einer Fachmesse, dass ihr direkter Konkurrent die Bad Software GmbH auf die Marke „Pasquale" aufmerksam wurde. Eventuell ist eine Löschungsklage geplant, um den Start des innovativen Produkts der Best Software GmbH zu verzögern. Außerdem scheint die Bad Software GmbH an einem ähnlichen Produkt zu arbeiten, das ebenfalls noch nicht marktreif ist. Was soll die Best Software GmbH unternehmen? ◀

Für eine rechtserhaltende Benutzung kann es genügen, zumindest Marketingmassnahmen vorzubereiten. Wurden beispielsweise kurz vor Ende der Benutzungsschonfrist

---

[3] § 49 Absatz 1 Satz 1 Markengesetz.

Aufträge zum Drucken von Werbematerialien an eine Druckerei erteilt, die Gestaltung der Verpackung mit der aufgedruckten Marke vorbereitet und ein Auftrag für die Erstellung einer Webpräsenz für das Produkt mit der Marke erteilt, kann eine rechtserhaltende Benutzung vorliegen. Hierdurch kann zwar keine ernsthafte Benutzung, aber eine ernsthafte Vorbereitung der Benutzung der Marke nachgewiesen werden. Ist eine tatsächliche Benutzung vor Ablauf der Benutzungsschonfrist nicht mehr möglich, kann dennoch durch die Vorbereitung der Benutzung der Marke eine drohende Löschungsreife abgewendet werden.

Allerdings sollte eine ernsthafte Vorbereitung der Benutzung nur als Notanker angesehen werden. In einem Löschungsverfahren ist die ernsthafte Vorbereitung zumeist schwieriger nachzuweisen als eine tatsächliche Benutzung. Der Nachweis der ernsthaften Vorbereitung scheitert daher in der Praxis häufiger als der Nachweis der Benutzung.

Beispiel

Die Best Software GmbH hat es versäumt, ihre Marke „Pasquale" für Software bis zum Ablauf der Benutzungsschonfrist zu benutzen. Die Bad Software GmbH stellt einen Antrag auf Löschung wegen Verfalls beim Patentamt und das Patentamt fordert die Best Software GmbH zur Stellungnahme auf. Die Best Software GmbH ist alarmiert und beginnt sofort mit einer umfangreichen Benutzung ihrer Marke. ◄

Der Markeninhaber kann nicht warten, bis eine Verzichtsaufforderung oder ein Antrag auf Löschung wegen Verfalls beim Patentamt eingereicht ist. Sobald eine Verzichtsaufforderung vorliegt oder ein Antrag auf Löschung wegen Verfalls beim Patentamt eingereicht wurde, kann die Aufnahme der Benutzung den Verfall der Marke nicht mehr heilen.

18.1 Benutzungsschonfrist

Innerhalb der ersten fünf Jahre nach Eintragung der Marke muss eine Marke nicht benutzt worden sein und kann dennoch durchgesetzt werden.[4] Der Begriff der Benutzungsschonfrist ist irreführend, denn die Marke muss dennoch innerhalb der ersten fünf Jahre nach der Eintragung ernsthaft benutzt werden. Ansonsten tritt sofort nach Ablauf der fünf Jahre der Benutzungsschonfrist Löschungsreife der Marke ein. Wird keine Löschungsklage erhoben oder kein Nichtigkeitsverfahren wegen Verfalls beantragt, kann die Löschungsreife einer Marke durch Aufnahme einer ernsthaften Benutzung geheilt werden.

---

[4] § 25 Absatz 1 Markengesetz.

Die Benutzungsschonfrist beginnt mit der Eintragung der Marke in das Register. Wurde jedoch gegen die Marke ein Widerspruch erhoben, startet die Fünf-Jahresfrist mit der Erledigung des Widerspruchsverfahrens.[5]

18.2   Zwischenrechte

Die Unterbrechung der Benutzung um weniger als fünf Jahre ist unschädlich. Wird jedoch die Marke länger als fünf Jahre nicht benutzt, ergibt sich das Risiko, dass ein Löschungsverfahren zum Erfolg führt oder sogenannte Zwischenrechte entstehen.

Zwischenrechte sind jüngere Marken, die mit einer älteren Marke aufgrund einer Verwechslungsgefahr kollidieren und die während eines Zeitraums angemeldet wurden, während der die ältere Marke löschungsreif war. Diese Zwischenrechte können durch die ältere Marke nicht bekämpft werden, auch falls die Löschungsreife der älteren Marke mittlerweile geheilt ist. Der Markeninhaber der älteren Marke muss die Existenz der jüngeren, mit seiner Marke verwechselbaren, Marke hinnehmen.

18.3   Vorsicht: Marke in den USA

In den USA gibt es keine Benutzungsschonfrist von fünf Jahren nach der Eintragung einer Marke. Der Markenanmelder muss umgehend nach der Anmeldung die Benutzung der Marke nachweisen. Wird eine Marke auf die USA durch eine internationale Registrierung erstreckt, so wird dem Anmelder ein Zeitraum von einigen Jahren gewährt, um die Benutzung nachzuweisen. Bei der Verlängerung einer US-Marke ist ein Benutzungsnachweis zu führen. Gelingt der Nachweis nicht, wird die Marke vom USPTO[6] gelöscht.

---

[5] § 26 Absatz 5 Markengesetz.
[6] USPTO: United States Patent and Trademark Office.

Facelifting und Relaunch

19

Nach einigen Jahren der Benutzung kann es erforderlich sein, eine Marke „aufzu-frischen". Es kann alternativ notwendig werden, eine Marke an eine Neuausrichtung des Unternehmens anzupassen. Eventuell enthält eine Bildmarke oder eine Wort-/Bildmarke Elemente, die nicht mehr dem Selbstverständnis des Unternehmens entsprechen.

19.1 Rechtserhaltende Benutzung

Bei einem Facelifting bzw. Relaunch ist insbesondere darauf zu achten, eine rechtser-haltende Benutzung zu wahren. Eine rechtserhaltende Benutzung ist möglich, solange das Facelifting nicht dazu führt, dass die Abweichung von der bisherigen Marke den kennzeichnenden Charakter der Marke verändert.[1]

Bei einer Wortmarke kann nahezu stets davon ausgegangen werden, dass ein Face-lifting nicht zu einer Änderung des kennzeichnenden Charakters der Marke führt. Der Grund ist darin zu sehen, dass eine Wortmarke einen Schutzbereich für sämtliche Schriftarten und Schriftweisen entfaltet.

Bei einer Wort-/Bildmarke oder einer Bildmarke führt ein Facelifting sehr schnell zu einer Änderung des kennzeichnenden Charakters. Ein Facelifting einer Wort-/Bildmarke oder einer Bildmarke bedeutet aus markenrechtlicher Sicht oft die Kreation einer neuen Marke, die mit der eingetragenen Marke nichts gemein hat.

---

[1] § 26 Absatz 3 Markengesetz.

T. H. Meitinger, *Ohne Anwalt zur Marke,* https://doi.org/10.1007/978-3-662-64159-0_19

19.2   Verfall durch Nichtbenutzung der Marke

Ein Facelifting und ein Relaunch bedeuten das Risiko, dass sich eine neue Marke mit einem neuen kennzeichnenden Charakter ergibt. In diesem Fall ist die bisherige eingetragene Marke nach Ablauf von fünf Jahren durch Verfall löschungsreif. Andererseits genießt die neue Marke keinen Schutz durch die bisherige Eintragung in das Markenregister.

19.3   Wort-/Bildmarke

Bei einer Wort-/Bildmarke gibt es einen Text- und einen Bildbestandteil. Der Textbestandteil weist jedoch keinen Schutzumfang auf, wie bei einer Wortmarke, der sämtliche Schriftarten und Schriftweisen umfasst. Eine Wort-/Bildmarke ist daher bezüglich der Bewertung der rechtserhaltenden Benutzung als Bildmarke aufzufassen.

19.4   Bildmarke

Eine Bildmarke kann beispielsweise ein Logo sein. Das Facelifting kann insbesondere dazu führen, dass die veränderte Marke nicht mehr mit der alten Marke verwechslungsfähig ist. Es liegen dann definitiv zwei neue Marken vor. Die Bekanntheit der alten Marke kann nicht mehr für das Unternehmen nutzbar gemacht werden. Wird andererseits die alte Marke von einem anderen Unternehmen okkupiert, kann dieses Unternehmen die Bekanntheit der Marke für sich nutzen. Bringt dieses Unternehmen unter der alten Marke minderwertige Waren in den Markt, kann sich eine Rufschädigung ergeben. Zusätzlich sind die Marketingausgaben für die alte Marke verloren. Die neue Marke muss mit neuen Ausgaben für Marketing aufgebaut werden. Es sollte darauf geachtet werden, dass solange die alte Marke noch durchgesetzt werden kann, sogenannte Zwischenrechte bekämpft werden.

19.5   Empfohlene Methode

Eine „Modernisierung" einer Wortmarke ist grundsätzlich kein Problem. Das Facelifting einer antiquiert erscheinenden Bildmarke oder Wort-/Bildmarke muss innerhalb eines Rahmens erfolgen, der keinen anderen kennzeichnenden Charakter im Vergleich zur ursprünglich in das Markenregister eingetragenen Marke ergibt. Im Zweifel sollte eine neue Bildmarke oder Wort-/Bildmarke angemeldet werden und die ältere und die jüngere Marke gleichzeitig aufrechterhalten werden.

In diesem Fall bestehen über einen gewissen Zeitraum in demselben Land zwei Marken nebeneinander. Durch Nichtzahlung der Aufrechterhaltungsgebühren kann die ältere Marke schließlich fallen gelassen werden.

Wert einer Marke

20

Der monetäre Wert einer Marke ist beim Kauf der Marke relevant. Der Kauf der Marke kann in Verbindung mit der Veräußerung oder dem Erwerb eines Unternehmens, das Inhaber der Marke ist, stehen. Außerdem kann es das Ziel der Wertermittlung sein, festzustellen, wie sich Marketingmassnahmen auf den Wert einer Marke auswirken.

Es gibt keine allgemein akzeptierte Methode der Berechnung des monetären Werts einer Marke. Die verschiedenen Modelle der Berechnung können nur Anhaltspunkte geben, um keiner groben Fehleinschätzung des Markenwerts aufzusitzen. In der Abb. 20.1 werden drei klassische Methoden der Markenbewertung vorgestellt.

20.1 Angefallene Kosten als Markenwert

Der Wert einer Marke kann als die Summe der angefallenen Kosten angesehen werden. Es werden dabei die Kosten der Markenanmeldung, Kosten zur Aufrechterhaltung, zur Markenüberwachung und zur Erstreckung in weiteren Ländern berücksichtigt. Die Kosten einer Marke können als die untere Grenze des Markenwerts aufgefasst werden. Dies gilt insbesondere, da für eine Marke in aller Regel nur geringe Kosten entstehen.

20.2 Ertragswert einer Marke

Bei einer ertragswertorientierten Berechnung wird betrachtet, welche Einnahmen erzeugt werden. Hierbei werden insbesondere die Einnahmen durch Lizenzen für die Benutzung der Marke durch Dritte, die tatsächlich oder möglicherweise erzielt werden, betrachtet.

T. H. Meitinger, *Ohne Anwalt zur Marke,* https://doi.org/10.1007/978-3-662-64159-0_20

Abb. 20.1 Klassische
Methoden der
Markenbewertung

Klassische Methoden der Markenbewertung
• Kosten einer Marke (unterer Wert)
• Ertragswert einer Marke (Erträge beispielsweise durch Lizenzzahlungen)
• Preis-Premium-Methode (welchen Aufpreis erzeugt die Marke)

20.3 Preis-Premium-Modell

Bei einem Preis-Premium-Modell wird der Aufpreis betrachtet, der vom Markt verlangt
werden kann, da ein Produkt mit der Marke gekennzeichnet ist.

> **Beispiel**
>
> Die Best Software GmbH verkauft ihre Produkte in einem ersten Markt, in dem ihre
> Marke „Pasquale" als allgemein bekanntes und geschätztes Kennzeichen gilt und
> in einem zweiten Markt, bei dem die Best Software GmbH erst seit kurzem tätig ist
> und ihre Marke daher unbekannt ist. In dem ersten Markt kann die Best Software
> GmbH mit ihrer Finanzbuchhaltungssoftware einen Preis von 2500 € erzielen. In dem
> zweiten Markt kann das Produkt nur für 2000 € verkauft werden. Der Marke ist daher
> zuzuschreiben, dass ein Aufpreis von 500 € im ersten Markt möglich ist. ◄

20.4 Wert für ein Unternehmen

Der Wert einer Marke ergibt sich aus dem ökonomischen Monopol und aus dem Wiedererkennungswert.

> **Beispiel**
>
> Die Best Software GmbH hat sich mit Ihrer Marke „Pasquale" eine Bekanntheit
> und eine allgemeine Akzeptanz der Qualität ihrer Produkte erarbeiten können. Die
> beteiligten Verkehrskreise, insbesondere die potenziellen Kunden, neigen daher eher
> zu einem Kauf, wenn ein Softwareprodukt mit der Marke „Pasquale" gekennzeichnet
> ist. Es ist daher wichtig, dass die Best Software GmbH darauf achtet, den Markt
> „sauber" zu halten, insbesondere dadurch, dass sie das ökonomische Monopol der
> Marke durchsetzt. ◄

20.5 Kriterien zur Bewertung einer Marke

Es werden in der Praxis übliche Kriterien zur wirtschaftlichen Bewertung einer Marke
vorgestellt.

20.5.1 Relevanz im Zielmarkt

Eine Marke weist in einem Markt Relevanz auf, falls die beteiligten Verkehrskreise, insbesondere die jeweiligen Kunden, die Marke kennen. Eine Marke, die keine Relevanz in ihrem Zielmarkt erreichen konnte, ist wertlos. In diesem Fall ist abzuwägen, ob die Marke ein Potenzial aufweist und aufgebaut wird, oder ob die Marke aufgegeben wird.

20.5.2 Relative Stärke

Relative Stärke bedeutet, dass eine Marke im Vergleich zu denjenigen der Konkurrenz eine höhere Akzeptanz bei den beteiligten Verkehrskreisen genießt. Eine Marke, die im Vergleich zu den relevanten Konkurrenten keine relative Stärke aufweist, ist wertlos.

20.5.3 Umsatz mit der Marke

Wird mit Produkten, die mit der Marke gekennzeichnet sind, keine relevanten Umsätze erzeugt, ist die Marke nicht wertvoll.

Benutzen einer fremden Marke

Eventuell ist es gar nicht erforderlich, eine eigene Marke anzumelden und aufzubauen. Vielleicht kann eine bestehende fremde Marke benutzt werden.

21.1 Explizite Erlaubnis

Die Benutzung einer Marke eines Dritten kann durch einen Lizenzvertrag erlaubt sein. Die Lizenz einer deutschen Marke muss sich nicht auf das gesamte Hoheitsgebiet Deutschlands beziehen, sondern kann sich beispielsweise auf Bayern oder Hessen oder auch nur einzelne Regionen oder Städte beschränken. Üblicherweise ist eine Lizenz zeitlich auf fünf oder zehn Jahre beschränkt. Eine Lizenz kann eine einfache oder eine ausschließliche Lizenz sein. Eine einfache Lizenz liegt vor, falls es grundsätzlich für dasselbe Gebiet mehrere Lizenznehmer geben kann. Eine ausschließliche oder exklusive Lizenz liegt vor, falls der Lizenznehmer allein berechtigt ist, die Marke zu benutzen.

21.2 Erschöpfung des Markenrechts

Erschöpfung des Markenrechts für bestimmte Waren liegt vor, falls innerhalb des europäischen Wirtschaftsraums bereits mit der Genehmigung des Markeninhabers die Waren mit dessen Marke gekennzeichnet wurden. Wurden beispielsweise in Spanien Produkte mit einer Marke rechtmäßig erworben und hat der Markeninhaber nicht in Spanien, sondern in Deutschland eine Marke, so kann der Erwerber der Waren aus Spanien diese Produkte dennoch in Deutschland anbieten und verkaufen. Die deutsche Marke kann nicht gegen ihn durchgesetzt werden.

T. H. Meitinger, *Ohne Anwalt zur Marke,* https://doi.org/10.1007/978-3-662-64159-0_21

21.3   Verwirkung des Markenrechts

Eine Verwirkung liegt vor, falls der Inhaber einer Marke länger als fünf Jahre von der Benutzung seiner Marke durch einen Dritten gewusst hat und nicht dagegen vorgegangen ist. Eine Durchsetzung der Marke ist nach Verwirkung nicht mehr möglich.[1]

Allerdings gilt, dass jeder Verkauf einer Ware die fünf Jahresfrist von neuem beginnen lässt. In einer richtungsweisenden Entscheidung klagte die Hardrock-Cafe-Kette gegen das nicht zur Kette gehörende Hardrock-Cafe Heidelberg. Der Bundesgerichtshof entschied, dass das Hardrock-Cafe Heidelberg seinen Betrieb zur Verpflegung von Gästen wegen Verwirkung fortführen durfte. Allerdings wurde es ihm verwehrt, T-Shirts mit dem Logo der Hardrock-Cafe-Kette zu verkaufen. Der Bundesgerichtshof bestimmte, dass durch jeden einzelnen Verkauf eines T-Shirts die fünf-Jahres-Frist der Verwirkung von neuem beginnt.[2]

Eine Verwirkung einer andauernden Dienstleistung, beispielsweise die Bewirtung von Gästen, ist daher nach wie vor möglich. Der Bundesgerichtshof sieht eine andauernde Dienstleistung als eine geschlossene Dauerbenutzung an, die nur einen einzigen Beginn der Verwirkungsfrist zulässt. Im Gegensatz dazu ist eine Verwirkung des Verkaufs von Waren durch die BGH-Entscheidung, beispielsweise von Merchandise-Produkten, faktisch ausgeschlossen, denn jeder Verkauf ist jeweils einzeln in seiner Verwirkung zu betrachten. Das bedeutet, dass der Markeninhaber seine Rechte bei einem Verkauf einer Ware erst nach fünf Jahren verwirkt hat und dass die Verwirkung für jedes einzelne Produkt neu zu berechnen ist. Für Waren kann daher von einer Unwirksamkeit der Verwirkung ausgegangen werden.

Eine Voraussetzung der Verwirkung ist, dass Kenntnis von der Markenverletzung besteht. Bei einem Unternehmen stellt sich die Frage, welche Person konkret Kenntnis haben muss, damit die Frist zur Verwirkung beginnt. Es könnte beispielsweise allein der Patentabteilungsleiter Bescheid gewusst haben. Ist dies ausreichend oder sollte auch der Geschäftsführer Kenntnis von der Markenverletzung erlangt haben? In der Regel ist davon auszugehen, dass ein Leiter einer bedeutenden Abteilung des Unternehmens positiv Kenntnis von der Markenverletzung erlangt haben muss, damit die Frist zur Verwirkung beginnt. Erfährt daher der Leiter des Marketings oder der Patentabteilungsleiter von der Markenverletzung ist von einem Beginn der Verwirkungsfrist auszugehen. Hat ein Mitarbeiter der Fertigung von der Markenverletzung Kenntnis erlangt, wird das nicht ausreichend sein.

Eine positive Kenntnis wird fingiert, falls der Markeninhaber grob fahrlässig nicht von der Markenverletzung Kenntnis erlangt hat. Hat ein Unternehmen beispielsweise eine personell gut ausgestattete Markenabteilung, so ist dem Unternehmen zuzumuten, Kenntnis von einer jüngeren Marke zu erlangen. Dies gilt insbesondere, falls dies durch eine übliche Markenüberwachung ohne Probleme möglich gewesen wäre.

---

[1] § 51 Absatz 2 Satz 1 Markengesetz.

[2] BGH, 15.8.2013, I ZR 188/11, Gewerblicher Rechtsschutz und Urheberrecht, 2013, S. 1161 - Hardrock Cafe.

Eine positive Kenntnis wird beispielsweise angenommen, falls sich der Markeninhaber und der Markenverletzer als Wettbewerber kennen und insbesondere auf dem Messestand des Markenverletzers die verletzende Marke benutzt wurde.

21.4 Eigene ältere Marke

Hat man selbst eine eigene, eingetragene, ältere Marke, die mit einer fremden, jüngeren Marke verwechslungsfähig ist und ist die ältere Marke nicht löschungsreif, kann die fremde, jüngere Marke benutzt werden, da die fremde, jüngere Marke löschungsreif ist. Es ist nämlich möglich, aus der älteren, eigenen Marke die fremde, jüngere Marke zu löschen.

21.5 Beschreibende Benutzung von Marken und Ersatzteilgeschäft

Ein Händler muss angeben können, von welchem Hersteller die Produkte stammen, die er anbietet. Eine Marke kann daher benutzt werden, um eine Ware zu beschreiben. Beispielsweise ist die Verwendung einer Beschreibung „Bremsscheiben zur Verwendung in allen Mercedes-Benz Fahrzeugen mit Herstelldatum ab 2006" auch für Betriebe, die nicht der Daimler AG angehören, zulässig. Eine Verwendung eines Mercedes-Benz-Sterns für den Werbeprospekt einer freien Kfz-Reparaturwerkstatt, das den Anschein erweckt, als gehöre die Kfz-Reparaturwerkstatt zum Daimler-Konzern ist aber nicht zulässig. Eine Angabe, dass die freie Kfz-Reparaturwerkstatt auf die Reparatur von Mercedes-Benz-Fahrzeugen spezialisiert ist, ist allerdings zulässig.

21.6 Verfall durch Nichtbenutzung der Marke

Ist eine Marke länger als fünf Jahre im Register eingetragen und wurde die Marke innerhalb der letzten fünf Jahre nicht rechtserhaltend benutzt, so ist Löschungsreife eingetreten und die Marke kann nicht mehr durchgesetzt werden. Diese Marke kann von jedem Dritten benutzt werden.

Bei Verfall einer älteren Marke sollte die Marke selbst angemeldet werden und Löschungsantrag gegen die ältere Marke gestellt werden. Ansonsten besteht die Gefahr, dass der Markeninhaber der älteren Marke die Benutzung wieder aufnimmt und dadurch den Verfall heilt.

Markenrecht und Amazon

22

Die Amazon Corporation bietet seit Mai 2017 die Möglichkeit an, eine eingetragene Marke zu registrieren. Amazon hat sich damit an das Markenrecht angelehnt.

22.1 Amazon-Markenregistrierung

Mit der im Mai 2017 eingeführten Markenregistrierung[1] versucht der Online-Marktplatz Amazon Markenfälschung und betrügerische Geschäfte mit gehackten Amazon-Accounts zu bekämpfen. Voraussetzung einer Markenregistrierung ist, dass der Markeninhaber detaillierte Angaben zu seiner Marke angibt. Außerdem muss der Markeninhaber Abbildungen des Produkts eintragen, die mit der Marke gekennzeichnet sind, und Verpackungen des Produkts präsentieren. Es sind zudem Angaben zu den Zielkunden, den Vertriebswegen und die Herstellungsorte erforderlich. Mit diesen Angaben kann Amazon nachgemachte Produkte identifizieren und Markenfälschung eindämmen. Außerdem teilt Amazon dem Markeninhaber verdächtige Angebote mit und dieser kann betrügerische Angebote mit seiner Marke sperren.

Voraussetzung für eine Amazon-Markenregistrierung ist eine eingetragene Marke, beispielsweise eine deutsche Marke oder eine Unionsmarke. Die Registrierung von nicht eingetragenen Marken, wie es früher möglich war, ist nicht mehr möglich. Amazon räumt dem registrierten Markeninhaber mehr Gestaltungsmöglichkeiten des Produkttitels, der Produktbeschreibung und den Produktabbildungen ein.

Jedes Produkt auf dem Online-Marktplatz von Amazon erhält eine individuelle Nummer, die sogenannte ASIN (Amazon Standard Identification Number). Anhand

---

[1] Amazon, „https://brandregistry.amazon.de", abgerufen am 16. Juni 2021.

T. H. Meitinger, *Ohne Anwalt zur Marke*, https://doi.org/10.1007/978-3-662-64159-0_22

der ASIN kann Amazon Anbieter, die dasselbe Produkt anbieten, feststellen und deren Angebote dem Kunden vorstellen.

Mit der Amazon-Markenregistrierung wird ein nicht-authorisiertes Anhängen an ein Angebot über die ASIN nahezu ausgeschlossen, da der Markeninhaber die Anbieter kontrollieren kann. Der Markeninhaber wird ausschließlich seine Lizenznehmer und seine Vertriebspartner freischalten. Weitere Unternehmen kann der Markeninhaber vom sogenannten Anhängen durch die ASIN ausschließen. Durch eine Amazon-Registrierung können daher Händler aus dem Wettbewerb ausgeschlossen werden. Der Markeninhaber kann allein bestimmen, wer überhaupt die Chance hat, die Buy Box zu gewinnen. Die Buy Box stellt das Einkaufswagenfeld dar. Es handelt sich um einen Kasten am rechten Rand, durch dessen Anklicken das Produkt in den Einkaufswagen aufgenommen wird. Die Inbesitznahme der Buy Box ist für Amazon-Seller von entscheidender Bedeutung.

22.2 Entsperren eines Angebots

Wurde ein Angebot gesperrt, sollte möglichst schnell gehandelt werden, um die Sperrung weiterer Angebote zu verhindern, die schließlich zum Löschen des Accounts führen können. Der Löschungsgrund ist zu prüfen und falls dieser nicht berechtigt ist, insbesondere da keine Markenverletzung oder Markenfälschung vorliegt, sollte derjenige kontaktiert werden, der die Beschwerde bei Amazon eingereicht hat. Bei einer Sperrung ist es nicht sinnvoll, sich an Amazon direkt zu richten.

Die Praxis lehrt, dass eine Entsperrung beschleunigt werden kann, falls „Druck" auf den Beschwerdeführer aufgebaut wird. Insbesondere sollte geprüft werden, ob dessen Marke mit einem Widerspruch oder einer Löschungsklage aus dem Markenregister entfernt werden kann.

Demjenigen, der eine Beschwerde eingereicht hat, sollte außerdem genau mitgeteilt werden, an welche Email-Adresse welcher Text zu senden ist, um eine Entsperrung durchzuführen. Bei Amazon gibt es eine spezielle Email-Adresse für Beschwerden.

Management eines Markenportfolios

Ein Unternehmen hat mit seiner Unternehmensbezeichnung immer eine Marke. Neben dieser Marke hat das Unternehmen üblicherweise noch eine oder mehrere Marken für einzelne Produkte oder Produktsegmente. Ein Unternehmen muss daher nahezu immer ein Markenportfolio verwalten. Im Laufe der Jahre nimmt das Markenportfolio typischerweise zu. Eine sinnvolle, konsistente Markenstrategie ist empfehlenswert, um die Kosten des Markenportfolios im Griff zu behalten.

Es ist sinnvoll, eine Bewertung der einzelnen Marken in einem Portfolio durchzuführen. Hierbei können erfolglose Marken aufgegeben werden, um mit den frei gewordenen Ressourcen aussichtsreiche Marken aufzubauen.

23.1 Wert einer Marke

Zur Einschätzung der Marken des Markenportfolios kann eine Bewertung der Marken durchgeführt werden. Hierbei kann der Wert der Marken anhand der Kriterien „angefallene Kosten", „Ertragswert durch Lizenzgebühren", „Preisaufschlag dank Produktkennzeichnung mit der Marke", „Relevanz im Zielmarkt", „relative Stärke der Marke im Markt", „Umsatz mit der Marke" und eventuelle „Akzeptanzprobleme" bestimmt werden.[1]

---

[1] Siehe Kap. 20 Wert einer Marke.

© Der/die Autor(en), exklusiv lizenziert durch Springer-Verlag GmbH, DE, ein Teil von
Springer Nature 2021
T. H. Meitinger, *Ohne Anwalt zur Marke,* https://doi.org/10.1007/978-3-662-64159-0_23

23.2   Marken mit unterschiedlichen Positionierungen

Es kann sinnvoll sein, mehrere Marken im gleichen Markt zu unterhalten. Weisen die Marken eine unterschiedliche Positionierung auf und sprechen die Marken jeweils unterschiedliche Teilsegmente des Marktes an, kann der Markt durch die unterschiedlichen Marken besser abgedeckt werden.

23.3   Regionale Marken oder einheitliche globale Marke

Es kann sinnvoll sein, unterschiedliche Marken in unterschiedlichen Regionen zu unterhalten. Andererseits kann es vorteilhaft sein, eine globale Marke, eventuell mit von Region zu Region unterschiedlichen beschreibenden Zusätzen, aufzubauen.

23.4   Kannibalisieren von Marken

Ergibt sich, dass zwei Marken auf demselben Markt dieselbe Zielgruppe ansprechen, und daher im Wettbewerb zueinanderstehen, sollte über die Aufgabe einer der beiden Marken nachgedacht werden.

23.5   Mono-Markenstrategie (Branded House)

Bei einer Branded-House-Markenarchitektur gibt es eine einzelne dominante Marke. Diese Marke dient als Dach für alle Geschäftsbereiche des Unternehmens. Durch diese starke Marke werden unterschiedliche Produkte und Dienstleistungen gekennzeichnet.

Eine Branded-House-Markenstrategie ist für Unternehmen mit ergänzenden bzw. begrifflich zusammenhängenden Waren und Dienstleistungen naheliegend. Ein Beispiel hierfür ist die britische Mobilfunkgesellschaft Vodafone Group, die ausschließlich Produkte und Dienstleistungen im Bereich der Telekommunikation anbietet.

23.6   Mehr-Markenstrategie (House of Brands)

Die House-of-Brands-Markenstrategie propagiert für jeden Produktbereich eine eigene Marke. Das Unternehmen tritt oft nicht in Erscheinung, sodass es den Kunden oft nicht bekannt ist, dass die jeweiligen Produkte aus demselben Haus stammen.

Insbesondere im Konsumgüterbereich findet man Unternehmen mit einer Vielzahl von unterschiedlichen starken Marken. Ein Beispiel hierfür ist der britische Konsumgüterkonzern Unilever plc. (siehe Tab. 23.1).

Tab. 23.1   Marken der Unilever plc

Lebensmittel	Hygiene- und Kosmetikartikel	Reinigungs- und Putzmittel
Ben & Jerry's	Axe	Coral (vorher: Korall)
Bertolli	Dove	Domestos
Du Darfst	dusch das	OMO
Flora (Becel)	Lux	Viss
Knorr	Pond's	
Langnese (Eis)		
Lipton		
Magnum (Eis)		
Mazola		
Mondamin		
Pfanni		
Sanella		
Slim-Fast		

Tab. 23.2   Marken der Procter & Gamble Company

Lebensmittel	Hygiene- und Kosmetikartikel	Reinigungs- und Putzmittel
Femibion (Nahrungs-ergänzungsmittel)	Always (Damenhygiene-produkte)	Ariel (Waschmittel)
Vicks bzw. Wick (Erkältungs-produkte)	Alldays (Slipeinlage)	Dash (Waschmittel)
	blend-a-dent (Zahnhygiene)	Fairy (Spülmittel)
	Blend-a-med (Zahnhygiene)	Febreze (Textilerfrischer)
	Blendax (Zahnhygiene)	Lenor (Weichspüler)
	Charmin (Toilettenpapier, in Deutschland seit 2009 Zewa Soft Samtstark bzw. Zewa Moll Deluxe)	Meister Proper (Waschmittel und Haushaltsreiniger)
	Gillette (Nassrasierer)	Swiffer (Bodenreinigungs-system)
	Head & Shoulders (Haarpflege)	
	Herbal Essences (Haarpflege)	
	Luvs (Windeln)	
	Oil of Olaz (Kosmetika)	
	Oral-B (Zahnhygiene)	
	Pampers (Windeln und Feuchttücher)	
	Pantene (Haarpflege)	
	Tampax (Tampons)	

Ein weiteres Beispiel für eine House-of-Brands-Markenstrategie zeigt die Procter & Gamble Company, deren Marken vollständig unterschiedliche Positionierungen und Identitäten aufweisen (siehe Tab. 23.2).

Eine weitere wichtige Marke der Procter & Gamble Company ist „Braun" für Elektrogeräte.

23.7 Mischform

Die Markenpolitik der Bayer Aktiengesellschaft kann als eine Mischform von Branded House und House of Brands aufgefasst werden. Bayer hat starke Marken, beispielsweise Aspirin oder Bepanthen, und eine starke Dachmarke, nämlich Bayer.

23.8 Optimierung eines Markenportfolios

Marken erfordern Aufwand und kosten Geld. Die Fristen zur Zahlung der Aufrecht-erhaltungsgebühren müssen überwacht werden und die Gebühren müssen bezahlt werden. Außerdem muss eine Markenüberwachung eingerichtet werden und ver-wechslungsfähige jüngere Marken von Dritten bekämpft werden.

Jede Marke eines Markenportfolios sollte daraufhin untersucht werden, ob mit der Marke noch ein relevanter Umsatz erzeugt wird. Eventuell wird man beim Durchforsten eines Markenportfolios auf Marken stoßen, die nicht mehr genutzt werden.

Beispiel

Die Best Software GmbH hat ihre geschäftliche Tätigkeit mit dem Vertrieb von Luftbefeuchtern vor 20 Jahren gestartet. Mittlerweile werden keine Luftbefeuchter mehr hergestellt oder vertrieben. Die Best Software GmbH hat immer noch eine Marke „MyBestAir237" in Großbritannien und eine Marke „Aero237" für Luftbefeuchter in Spanien. Für diese Marken sollten keine Aufrechterhaltungs-gebühren mehr bezahlt werden. ◄

Einzelne nationale Marken in EU-Staaten können eventuell durch die Anmeldung einer Unionsmarke obsolet werden. Durch die Inanspruchnahme der Seniorität der nationalen Marken können die Marken in eine Unionsmarke zusammengefasst werden und dabei der jeweilige frühe Zeitrang der nationalen Marken erhalten werden. Allerdings müssen hierfür die jeweiligen Waren und Dienstleistungen identisch sein. Alternativ kann statt vieler nationaler Marken eine internationale Registrierung eingereicht werden, um Markenschutz zu erhalten. Eine internationale Registrierung kann nachträglich auf zusätzliche Länder erstreckt werden.

Tipps aus der Praxis

24

Es werden wichtige Tipps aus der Praxis gegeben, die helfen Anfängerfehler zu vermeiden.

24.1 Vorsicht bei der Benutzungsschonfrist

Die Bezeichnung „Benutzungsschonfrist" ist irreführend. Zwar kann innerhalb der ersten fünf Jahre nach Eintragung bzw. nach Ablauf der Widerspruchsfrist kein erfolgreiches Löschungsverfahren wegen Verfalls gegen eine Marke geführt werden. Ein Tag nach dieser 5-Jahres-Frist ist dies jedoch möglich und dann ist es relevant, ob innerhalb der vorhergehenden fünf Jahre die Marke rechtserhaltend benutzt wurde.

Das bedeutet, dass während der Benutzungsschonfrist die Marke benutzt werden muss, damit die Marke nicht wegen Verfalls nach Ende der Benutzungsschonfrist gelöscht wird. Es ist daher erforderlich, dass bereits innerhalb der Benutzungsschonfrist die Marke benutzt wird, um eine Löschung wegen Verfalls auszuschließen. Die Bezeichnung „Benutzungsschonfrist" ist irreführend. Eine bessere Bezeichnung der ersten fünf Jahre einer Marke wäre „Benutzungsaufnahmefrist".

Eine Benutzung muss rechtserhaltend erfolgen. Eine rechtserhaltende Benutzung liegt vor, falls der Markeninhaber die Marke für die eingetragenen Waren oder Dienstleistungen im Inland ernsthaft benutzt hat.[1] Eine rechtserhaltende Benutzung der Marke muss für sämtliche Waren und Dienstleistungen, für die die Marke eingetragen wurde, erfolgen. Es macht daher keinen Sinn, eine Marke für Waren und Dienstleistungen anzumelden, für die absehbar die Marke niemals benutzt wird.

---

[1] § 26 Absatz 1 Markengesetz bzw. Artikel 18 Absatz 1 Unionsmarkenverordnung.

T. H. Meitinger, *Ohne Anwalt zur Marke,* https://doi.org/10.1007/978-3-662-64159-0_24

24.2   Marke weggeschnappt?

In den Markenregistern der Patentämter findet sich eine unendliche Vielfalt an Marken. Es ist daher möglich, dass eine gewünschte Wortmarke bereits reserviert ist. In diesem Fall könnte statt einer Wortmarke eine Wort-/Bildmarke beim Patentamt angemeldet werden. Voraussetzung hierfür ist, dass der hinzugefügte Bildbestandteil dominant gegenüber dem Textbestandteil ist. Einfache Verzierungen oder typische grafische Elemente, die beispielsweise den Textbestandteil versinnbildlichen, genügen dafür in aller Regel nicht. Vielmehr müssen eigenständig prägende Bildbestandteile aufgenommen werden und der Textbestandteil ist klein zu schreiben. Der Versuch, statt einer Wortmarke eine Wort-/Bildmarke einzureichen, ist daher in aller Regel nicht sinnvoll, da dem Textbestandteil nur eine untergeordnete Darstellung eingeräumt werden darf. In diesem Fall ist es sinnvoll, sich eine neue Wortmarke auszudenken.

Scheitert eine Wortmarke daran, dass absolute Eintragungshindernisse bestehen, also die Wortmarke beschreibend ist oder aus einem oder mehreren Worten besteht, die beispielsweise anpreisend verstanden werden und nicht als Herkunftskennzeichen, so könnten ebenfalls diese Eintragungshindernisse durch starke Bildbestandteile in einer Wort-/Bildmarke überwunden werden. Es gilt dann jedoch ebenfalls, dass es eine bessere Alternative ist, eine neue Wortmarke zu finden.

24.3   Hart am Wind segeln

Es gibt oft den Fall, dass Unternehmen mit einer Marke einen großen Erfolg haben und Wettbewerber versuchen, an dem fremden Erfolg zu partizipieren. Ein konkreter Fall war der Kampf um den goldenen Osterhasen mit roter Halskrause der Chocoladefabriken Lindt & Sprüngli AG, der als 3D-Marke geschützt ist (siehe Abb. 24.1).

Die Hans Riegelein & Sohn GmbH & Co. KG in Cadolzburg brachte ebenfalls einen Osterhasen in goldfarbener Verpackung auf den Markt. Natürlich ohne die Lindt-Aufschrift und ohne rote Halskrause.

Die Firma Lindt ging gegen den Osterhasen der Firma Riegelein gerichtlich vor. In mehreren Verfahren vor Landgerichten und Oberlandesgerichten und einem zweimaligen Auftreten vor dem Bundesgerichtshof trug letzten Endes die Firma Riegelein den Sieg davon. Entsprechend teuer war das Verfahren für beide Seiten. Es kann vermutet werden, dass jeweils sechsstellige Beträge an Anwaltskosten angefallen sind. Ein „hart am Wind segeln" kann daher erfolgreich sein, allerdings sollte man sich darüber klar sein, dass es zu heftigen Auseinandersetzungen mit dem Markeninhaber kommen kann.

	Datenbestand	DB	?	EM
111/210	Nummer der Marke	RN/ AKZ	? ?	001698885
540	Markendarstellung	MD	?	
	Wortlaut der Marke	MD	?	Lindt Goldhase
	Erlangte Unterscheidungskraft			Nein
270	Erste Sprache			Deutsch
270	Zweite Sprache			Englisch
550	Markenform	MF	?	Dreidimensionale Marke
550	Markenform Unionsmarken	EUIPOMF	?	Dreidimensionale Marke
591	Bezeichnung der Farben	FA	?	Gold, rot, braun.
551	Markenkategorie	MK	?	Individualmarke
220	Anmeldetag	AT	?	08.06.2000
151	Tag der Eintragung im Register	ET	?	06.07.2001
730	Inhaber	INH	?	Chocoladefabriken Lindt & Sprüngli AG, 8802, Kilchberg, CH

Abb. 24.1 Registerauszug des Lindt 3D-Hasen (DPMA)

24.4   Abenteuer einer Markenanmeldung in Saudi-Arabien

Mit einer internationalen Registrierung kann mit einer einzigen Anmeldung in vielen Ländern der Erde eine Marke angemeldet werden. Eine wichtige Ausnahme ist Saudi-Arabien. Saudi-Arabien ist kein Mitgliedsstaat des MMA oder des PMMA. In Saudi-Arabien kann daher nur eine nationale Markenanmeldung erfolgen.

Ein Ablauf einer Markenanmeldung gestaltet sich in Saudi-Arabien äußerst bürokratisch, langwierig und teuer. Es sind etliche Dokumente zu erstellen und zu beglaubigen. Eine Markenanmeldung in Saudi-Arabien sollte daher wohl überlegt sein.

24.5   Vorsicht: rechtzeitig Domain schützen

Es gibt Unternehmen, die im Markenregister nach neu eingetragenen Marken recherchieren, zu denen noch keine Domains reserviert wurde. Diese Domains werden dann reserviert und dem Markenanmelder zum Kauf angeboten. Natürlich möchten sich diese Unternehmen diesen „Service" bezahlen lassen. Um dies zu vermeiden, sollte gleichzeitig mit der Markenanmeldung eine Recherche nach freien Domainnamen vorgenommen werden und diese umgehend reserviert werden.

24.6   Vorsicht: irreführende Rechnungen

Immer öfter erhalten Markeninhaber von Unternehmen Rechnungen, die einen amtlichen Anschein erwecken und die zur Bezahlung von Dienstleistungen im Bereich Marken auffordern. Hierbei sollte bedacht werden, dass die Patentämter in aller Regel keine Rechnungen versenden, da sie es dem Markeninhaber überlassen, die Fälligkeitsfristen zu überwachen und fristgemäß die Gebühren zu entrichten.

Bevor eine Rechnung bezahlt wird, sollte daher genau die Herkunft geprüft werden. Das EUIPO hat eine Datenbank von irreführenden Rechnungen erstellt, die genutzt werden kann, um irreführende Rechnungen zu identifizieren. Die Datenbank kann unter dem Link „https://euipo.europa.eu/ohimportal/de/misleading-invoices"[2] eingesehen werden.

---

[2] EUIPO, „https://euipo.europa.eu/ohimportal/de/misleading-invoices", abgerufen am 18. Juni 2021.

Printed in the United States
by Baker & Taylor Publisher Services